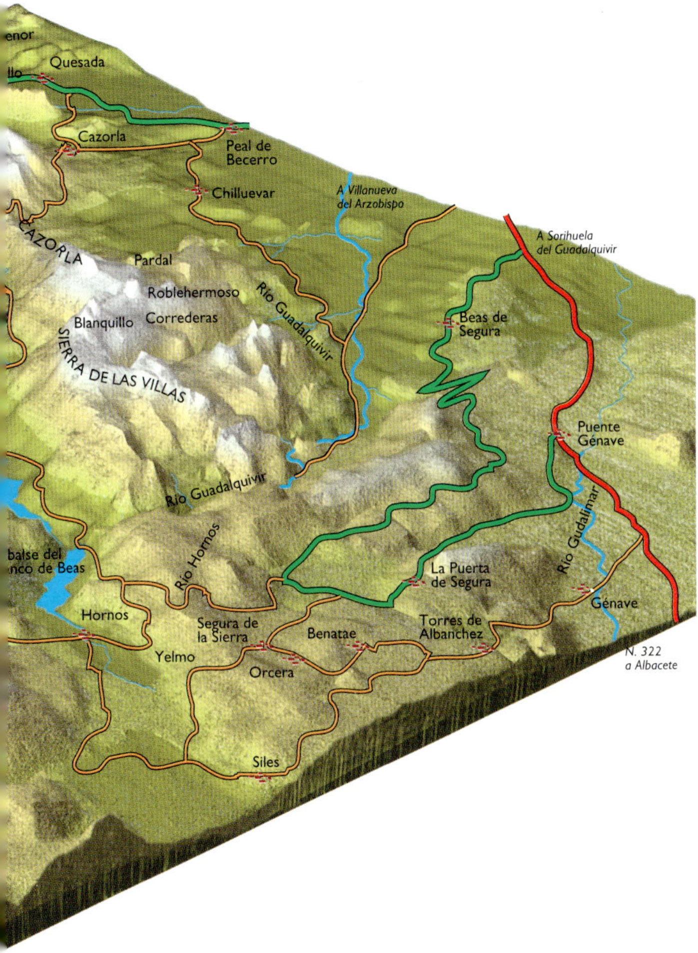

Parque Natural de Cazorla, Segura y Las Villas

Mapa general

Joaquín Gómez Mena

VISITA

EL PARQUE NATURAL DE CAZORLA, SEGURA Y LAS VILLAS

EDITORIAL EVEREST, S. A.

Madrid • León • Barcelona • Sevilla • Granada • Valencia
Zaragoza • Las Palmas de Gran Canaria • La Coruña
Palma de Mallorca • Alicante • México • Lisboa

AGRADECIMIENTOS

La realización de esta guía es el fruto de muchas horas en el Parque Natural de Cazorla, Segura y Las Villas, mucho de este tiempo ha sido compartido con amigos y compañeros que tenemos en común el amor a estas sierras y lo que ellas encierran, personas comprometidas hasta la médula con la conservación de estos parajes; es por ello que deseo expresar mi más sincero agradecimiento a las siguientes personas:
A los Agentes de Medio Ambiente del Parque Natural, y en especial a José Perez Rivera, León Sánchez Lara y Antonio Tíscar Fernández, por sus aportaciones en el trabajo de campo. A María Francisca Bosques Sánchez, compañera infatigable, por su ayuda cuando más lo necesito y por las horas robadas. A Roberto Loreto Parra Sánchez y Alejandro Vivo Fuentes, compañeros en la Sierra de Segura, ejemplos de la sabiduría serrana. A José Manuel Ramírez Plaza, por su lectura del manuscrito y la corrección del mismo. A todos los amigos que sentimos esta tierra como algo nuestro, y entre los que se encuentran Eduardo Araque Jiménez, Alfredo Benavente Navarro, Javier Broncano Casares, Manuel Carrión Molina, Carlos Manuel Herrera Maliani, Pedro Jordano Barbudo y Miguel Angel Simón Mata. A la Asociación Para el Estudio y Protección de la Naturaleza «Taller de Ecología».

Coordinación editorial: Francisco Bargiela
Texto: Joaquín Gómez Mena
Fotografías:
Joaquín Gómez Mena: 10, 11, 14, 24, 26, 28, 43A, 44, 45, 55A, 58, 67A, 71, 73, 74, 77, 84, 85A, 88A, 89A, 90, 93, 94, 99A, 108, 109, 112B, 114A, 117A, 119A, 120, 122A, 123A, 130, 132A, 134A, 137, 139, 142, 143A, 146, 148, 151, 152A, 154, 155, 157, 158B
José Luis Castillo Juárez: 12, 13, 15, 16A, 18, 22A, 43B, 67B, 76, 89B, 100, 119B, 122B, 131, 138B, 141, 147C, 158A, 160
Alfredo Benavente Navarro: 30C, 48, 55B, 59, 62, 83B, 105A, 117B, 127A, 138A, 147B, 150,
J. J. Pascual: 8, 21, 22B, 25, 27, 31, 32, 36, 37, 39, 40, 42, 46, 47, 50, 53, 56, 63, 64, 65, 66, 68, 69, 70, 80, 81, 82, 83A, 85B, 86, 91, 95, 98, 99B, 101, 102, 103, 104, 105B, 106B, 112A, 113, 116, 126, 128, 129, 132B, 133, 135, 143B, 147A, 149, 152, 153, 161
Archivo Everest
Diagramación: Gerardo Rodera
Ilustración cartográfica: Carlos Rodríguez Rosillo – OmniArt Corp. (© Everest)
Diseño de cubierta: Alfredo Anievas
Tratamiento digital de imágenes: Marcos R. Méndez

EDITORIAL EVEREST, S. A.
Carretera León-La Coruña, km 5 - LEÓN
ISBN: 84-241-3830-9 - Depósito legal: LE. 1.508-1998
Printed in Spain - Impreso en España
EDITORIAL EVERGRÁFICAS, S. L.
Carretera León-La Coruña, km 5 LEÓN (España)

Prólogo

Resulta difícil acometer la tarea de una guía sobre un espacio natural como es el Parque Natural de Cazorla, Segura y Las Villas, entre otras razones, por la abundancia de trabajos que sobre el mismo se han venido publicando en los últimos años. No obstante, esta labor constituye todo un reto lleno de ilusión, en el intento de dar a conocer el rico patrimonio natural que albergan estos agrestes paisajes (geo, flora, fauna); su interesante patrimonio histórico-cultural (restos arqueológicos, monumentos); y su no menos importante patrimonio etnológico (tradiciones y costumbres), conservado a través del tiempo por sus habitantes. Una serie de valores, que hacen de este apartado rincón de la provincia de Jaén, uno de los lugares más atractivos para visitar, tanto de Andalucía como de la Península Ibérica. No en vano el territorio que describimos, ostenta en estos momentos, además de la figura de protección de Parque Natural, declarado por la Junta de Andalucía; la de Reserva de la Biosfera, concedida por la UNESCO y la de Zona de Especial Protección Para las Aves, otorgada por la Unión Europea.

En la presente guía, el lector tiene en sus manos una herramienta con la que podrá conocer los distintos rincones de este espacio natural. Por medio de 7 rutas en vehículo se pueden recorrer distintos itinerarios, que discurren tanto por las poblaciones del Parque Natural, como por sus más atractivos paisajes naturales, tres de estas rutas pertenecen a la Sierra de Segura, una a la Sierra de Las Villas y otras tres a la Sierra de Cazorla. Si deseamos dejar el vehículo para adentrarnos a pie por los bosques y montañas de la serranía, en la guía encontraremos 15 rutas a pie, que nos muestran sus diferentes ecosistemas.

Hemos querido ante todo, transmitir al visitante la importancia que la conservación de este espacio natural tiene para todos, con el convencimiento de que sólo se conserva lo que se conoce. El Parque Natural alberga unas 2.170 especies distintas de plantas, entre las que sobresalen sus 34 endemismos locales, 108 endemismos andaluces y 214 endemismos ibero-africanos. En cuanto a la fauna, el número de invertebrados endémicos supera los 50, y los vertebrados están representados con la presencia de 6 especies distintas de peces, 6 de anfibios, 17 de reptiles, 130 de aves y 30 de mamíferos. Mucha de esta rica biodiversidad, se encuentra en estos momentos amenazada, debido a las transformaciones llevadas a cabo por el hombre en el interior del espacio durante los últimos años, a veces, aunque resulte paradójico coincidiendo con la declaración como Parque Natural.

Entre estas amenazas, destacan la proliferación de construcciones, que han venido a ocupar un suelo con clara vocación forestal, a lo que hay que sumar el empleo en las mismas de materiales de construcción nada adecuados para estas zonas de montaña, que poseen desde hace decenios su propia tipología constructiva (teja árabe, cal, madera y piedra). El deterioro que en ciertas áreas del Parque viene ocasionando la ganadería, con una cabaña a veces sobredimensionada a la carga ganadera de los montes, y con un tipo de ganado como es la cabra en sustitución de la oveja segureña, está dejando su impronta negativa, especialmente en ciertas áreas de la Sierra de Las Villas y del Pozo. Las prácticas habituales en el bosque denominadas «tratamientos forestales», que en muchas ocasiones derivan en una amenaza para el mismo, por la desprotección que supone para el suelo, que queda sin vegetación, favoreciendo con ello la posterior erosión, y la presión ejercida sobre ciertas especies mediterráneas de plantas como quejigos, encinas, arces, serbales y madroños principalmente, sin olvidar los impactos sobre las plantas endémicas que en ocasiones también se ven afectadas.

Estos problemas, son sólo la punta del iceberg de los difíciles momentos por los que pasan estos ecosistemas, y en donde se hacen necesarias la aplicación de políticas medioambientales que apuesten decididamente por la conservación de este espacio natural, haciendo compatibles las realidades sociales de los habitantes de estas comarcas, con un verdadero ecodesarrollo, en un plano de igualdad y equilibrio entre la conservación y el desarrollo de la zona.

Entre los proyectos de conservación que se llevan a cabo en la actualidad, destacan uno relativo a la flora, consistente en un Plan de Recuperación de Especies Vegetales Amenazadas que afecta a nueve de los endemimos más amenazados, y otro sobre fauna con el objetivo de reintroducir el Quebrantahuesos, especie extinguida de estas sierras entre los años 1987-88, y que en la actualidad se viene desarrollando con la puesta en marcha de un ambicioso proyecto, que cuenta ya con un centro de cría en cautividad, iniciativa que tiene como objetivo a medio y largo plazo la reintroducción de la especie en sus hábitats naturales, para que el mítico Quebrantahuesos vuelva a volar por los cielos del Parque Natural.

Quiero terminar estas líneas, con la esperanza de que dentro de unos años cuando tengamos que realizar una valoración de la situación del Parque Natural, sus frágiles ecosistemas sigan conservando al menos la riqueza actual, lo que será señal de que andamos por el buen camino. Esto sólo será posible si entre todos realizamos un esfuerzo por evitar situaciones que perjudiquen o interfieran en los procesos naturales que se llevan a cabo dentro de este espacio natural. Por todo ello el usuario de esta guía, debe de comprometerse también, dentro de sus posibilidades en la conservación de estas sierras, y la mejor forma de hacerlo es realizando sus visitas por el Parque sin alterar los procesos biológicos del mismo, respetando su flora y su fauna.

Para terminar sólo me queda desear que los contenidos de esta guía, sean del agrado del viajero que viene a compartir unos días a este rincón tan entrañable de la provincia de Jaén, llamado Cazorla, Segura y Las Villas.

Joaquín Gómez Mena

NORMAS DE USO PÚBLICO DEL PARQUE

Los Parques Naturales son áreas naturales poco transformadas por la explotación u ocupación humana que, en razón a la belleza de sus paisajes, la representación de sus ecosistemas o la singularidad de su flora, de su fauna o de sus formaciones geomorfológicas, poseen unos valores ecológicos, estéticos, educativos y científicos, cuya conservación merece una atención preferente. En los Parques se podría limitar el aprovechamiento de los recursos naturales, prohibiéndose, en todo caso, los incompatibles con las finalidades que hayan justificado su creación.

En orden a una mejor gestión del Parque Natural de las Sierras de Cazorla, Segura y Las Villas, y de una mayor coordinación y eficacia en su conservación, les rogamos sigan las normas siguientes:

1º. Es obligatorio acampar solamente en las zonas dispuestas para ello: campings públicos («Hoyo de los Pinos», en el Pantano de la Bolera; «Llanos de Arance», «Coto Ríos», y «Fuente de la Pascuala», en las inmediaciones de Coto Ríos; «Montiñana», en el Tranco y «Garrote Gordo», en Río Madera), zonas de acampada libre, cámpings privados y campamentos juveniles (previa autorización escrita del Director-Conservador, que puede solicitarse con 15 días de antelación).

2º. Si los cámpings ubicados en el Parque llegaran a saturarse, sólo es posible acampar en las zonas de acampada libre, todas ellas situadas en la inmediaciones del pantano del Tranco.

3º. La acampada en fincas privadas está sujeta a lo previsto en el B.O.J.A. de 21 de junio de 1987, es decir, a un máximo de tres albergues distantes unos de otros 500 metros y por un período máximo de acampada de tres días, con permiso del propietario.

4º. El estado de orden, limpieza y control del Parque es competencia de la Consejería de Medio Ambiente, a excepción de los núcleos urbanos y fincas privadas. No obstante, es imprescindible la colaboración de todos para ello. Utilicen las papeleras y contenedores dispuestos en toda la extensión del Parque.

5º. No está permitido encender fuego fuera de los lugares acondicionados para ello, y únicamente utilizando las hornillas o barbacoas construidas al efecto en campings, zonas de acampada libre, áreas recreativas y campamentos juveniles.
Piense que un incendio destruye en pocas horas lo que a la naturaleza le costó crear muchos años.

6º. No está permitido arrojar vertidos o basuras en todo el territorio del Parque ni a ríos y arroyos, según el Plan Rector de Uso y Gestión.
Recuerde que el ruido o la música a elevado volumen son también formas de contaminación y pueden causar perjuicios importantes a la fauna del Parque.

7º. Utilice los caminos habituales; salirse de ellos puede perjudicar a especies de flora y fauna.
No recolecte ejemplares de fauna, flora o fósiles: fotografíelos.
Siga en todo momento las indicaciones del personal del Parque y de los Agentes de Medio Ambiente.

A lo largo de su presencia entre nosotros, piense que el Parque es patrimonio de todos y que entre todos debemos protegerlo y conservarlo para generaciones futuras.

El Parque Natural de las Sierras de Cazorla, Segura y Las Villas pertenece a la Red de Espacios Protegidos de la Comunidad Autónoma de Andalucía, cuya gestión corresponde a la Consejería de Medio Ambiente de la Junta de Andalucía.

La Junta Rectora del Parque Natural es un órgano colegiado de participación de la Consejería de Medio Ambiente, con funciones de control, vigilancia y participación ciudadana en el cumplimiento de la legalidad ambiental y de la preservación de la finalidad ecológica y social del espacio protegido.

La Junta Rectora también velará por el cumplimiento del Plan Rector de Uso y Gestión.

INFORMACIÓN SOBRE EL PARQUE NATURAL

El acceso al Parque Natural es libre y gratuito y puede ser visitado durante todo el año, aunque las épocas más recomendables son la primavera y el otoño, siendo el verano la estación menos recomendada por la sequía estival y la masificación que se produce en esta época del año.

En algunos de los accesos al Parque Natural existen controles para acceder al mismo (control de Burunchel y del Tranco, respectivamente), con el único requisito de facilitar la matrícula del vehículo en que viajamos, el número de personas y si vamos a pernoctar en alguna instalación del interior del Parque. Existen otros controles dentro del Coto Nacional de Caza sometidos a limitación horaria indicada en los mismos.

Existe una amplia red de infraesctructuras de interpretación pertenecientes a la Consejería de Medio Ambiente, donde encontraremos todo tipo de información sobre el Parque Natural. Entre estas instalaciones destaca el complejo de información ambiental de la Torre del Vinagre situado en el kilómetro 17 de la carretera transversal del Tranco, y en donde existe un Centro de Interpretación, un Museo de Caza, un Jardín Botánico y un Centro de Interpretación Fluvial. Otros dos jardines botánicos el de la Peña del Olivar (Siles), en la Sierra de Segura, y el del Hornico (Pozo Alcón), en la Sierra del Pozo, completan la red de infraestructuras de interpretación del Parque.

En las poblaciones de Cazorla y Siles existen oficinas de información de la Consejería de Medio Ambiente, a las que pueden dirigirse para cualquier información, y cuyas direcciones son:

Oficinas del Parque Natural de Cazorla, Segura y las Villas
C/ Martínez Falero, 11
23470 CAZORLA ☎ 953/720125

Oficinas del Parque Natural de Cazorla, Segura y las Villas
C/ Carretera, 27
23380 SILES ☎ 953/490003

Delegación Provincial de la Consejería de Medio Ambiente
Avda. de Madrid, 74, 3ª planta
23071 JAÉN ☎ 953/273203

NATURALEZA Y ECOLOGÍA

Localizado en el extremo oriental de la provincia de Jaén, limitando con las provincias de Granada y Albacete, en los 38° 5' de latitud norte y los 2° 45' de longitud oeste y con una altitud que oscila entre los 540 y los 2.107 metros sobre el nivel mar, se encuentra el Parque Natural de las Sierras de Cazorla, Segura y las Villas, con una superficie de 214.300 hectáreas, es el espacio protegido de mayor extensión de Andalucía, y en el mismo se integran términos municipales de 23 municipios. Declarado por el Parlamento Andaluz en el Decreto 10/1986 de 5 de febrero. Con anterioridad a la declaración como Parque Natural, parte del territorio comprendía el Coto Nacional de Caza de Cazorla-Segura, con cerca de 70.000 hectáreas y declarado en el año 1960. Su importancia ecológica lo llevó a ser declarado por la UNESCO en el año 1983 como Reserva de la Biosfera y, por último, en el año 1988, la Comunidad Económica Europea lo incluyó como Zona de Especial Protección Para las Aves.

Las Sierras de Segura, Cazorla y Las Villas, forman parte del conjunto de montañas andaluzas denominadas geológicamente como Cordilleras Béticas. Éstas se extienden desde Cádiz a Jaén, para introducirse en la zona de Levante y, después de sumergirse en el mar Mediterráneo, emerger en el archipiélago de las Baleares. Formadas en la orogenia alpina hace unos 30 millones de años. En esta cadena montañosa podemos distinguir tres grandes zonas:

a) **Zona Bética** (en sentido estricto), constituiría el núcleo de la cordillera y geográficamente se sitúa al sur de Andalucía.

b) **Zona Subbética**, situada al norte de la anterior.

c) **Zona Prebética**, que enlaza esta cordillera con las formaciones geológicas de la Meseta Ibérica y en la cual quedarían incluidas las Sierras de Segura y Cazorla.

El Parque Natural queda, por tanto, encuadrado dentro de lo que se denomina como Prebético, constituido por materiales sedimentarios mesozoicos y cenozoicos, con grandes depósitos marinos, como lo demuestran la abundancia de fósiles hallados en dicho espacio natural, destacando la presencia de ammonites.

Dentro del Prebético, podemos distinguir dos dominios: el Prebético externo, que se correspondería con las Sierras de Cazorla y de Las Cuatro Villas, con afloramientos del Jurásico y del Cretácico, constituidos principalmente por dolomías; el otro

dominio está constituido por el Prebético interno asociado a las Sierras de Segura, del Pozo y la Cabrilla, caracterizado también por materiales del Jurásico, pero mucho más abundante en materiales del Cretácico, principalmente de margas, calizas y dolomías.

La orografía de este espacio natural se caracteriza por su abrupto relieve, con grandes cortados rocosos que alternan con altiplanicies de alta montaña y con angostos valles, surcados por bellos torrentes. Estando más del 50% de la superficie comprendida entre los 1.000 y 1.500 m de altitud sobre el nivel del mar. Entre las cotas mayores del Parque Natural, destacan los picos de Empanadas (2.107 m), Alto de la Cabrilla (2.032 m), Cabañas (2.028 m), Banderillas (1.993 m), Las Palomas (1.964 m), Almorchón (1.915 m), Peña Juana (1890 m), Gilillo (1.847 m), Mariasnal (1.825 m), El Yelmo (1.809 m), Rayal (1.835 m) y Blanquillo (1.830 m), entre otras.

La red hidrográfica dentro del espacio es importante, máxime para una zona rodeada por los olivares jiennenses al oeste, donde las precipitaciones son escasas y por la depresión del Guadiana Menor al sur, siendo ésta la zona más desértica de la provincia de Jaén. Lo que hace de estos territorios una isla, en todos sus sentidos. Dos importantes ríos nacen y transcurren por estas serranías: el Guadalquivir y el Segura. El Guadalquivir nace en la Sierra del Pozo, en el lugar conocido como Cañada de las Fuentes y constituye el gran río andaluz por excelencia, que tributará sus aguas al Océano Atlántico, y atraviesa el Parque Natural en dirección noroeste, con importantes afluentes dentro del mismo, el Guadalimar, el Guadalentín, el Borosa y el Aguamulas. El río Segura, que tras nacer en el paraje de Fuente Segura y con dirección noreste, en el otro extremo del Parque Natural, cruzará la parte más oriental de la Sierra de Segura, con sus afluentes Zumeta, Tus y

Hoja de arce.

Aquilegia cazorlensis.

Madera, y drenará sus aguas en el Mar Mediterráneo.

La climatología del Parque Natural es muy variada, debido entre otros motivos a la gran extensión del mismo y a los diferentes ecosistemas que en él se dan. En líneas generales podemos hablar de un clima mediterráneo subhúmedo, con precipitaciones medias anuales de 850 mm/m^2 y una temperatura media de 14º C.

LAS FORMACIONES VEGETALES

Una de las principales sensaciones que tiene el visitante de estas sierras es la de reencontrarse con el bosque, independientemente del lugar desde donde abordemos el Parque. La sensación de encontrarnos en un lugar salvaje, lejos de los espacios antropizados y de las zonas desérticas que hemos atravesado con anterioridad, nos hará gozar de unos paisajes, que han quedado como testigos de lo que antaño fueron las montañas de la Península Ibérica. Antes de realizar un breve análisis sobre los bosques que en la actualidad componen el Parque Natural, habría que tener en cuenta ciertas consideraciones sobre la relación mantenida entre el hombre y la naturaleza desde el Neolítico a nuestros días en dicho espacio, hecho que sin duda y a través de la historia y de las diferentes culturas que han poblado estos bosques, ha ocasionado la explotación de sus recursos naturales y, dentro de estos las maderas de sus árboles, lo que nos ha llevado al estado actual de los mismos.

Los encinares o bosques esclerófilos

Estos bosques de hoja perenne y coriácea ocuparon gran parte del territorio en cotas por debajo de los 1000 metros. La codiciada materia prima de la encina *(Quercus ilex ballota)* por el hombre para la obtención de leñas y carbón, y más tarde para la explotación de estos terrenos como pinares para la obtención de maderas, han reducido drásticamente la superficie de estos bosques. Entre los 600 y 1.100 metros de altitud podemos hablar de una formación conocida como bosque y matorral mediterráneo, donde el árbol dominante es la encina, acompañada de otras especies. Según el clima sea más o menos cálido, dependiendo también de las precipitaciones, nos encontramos con un cortejo de plantas como agracejos *(Phillyrea latifolia)*, mostajos *(Sorbus torminalis)*, enebros *(Juniperus oxycedrus)*, madroños *(Arbutus unedo)*, labiérnagos *(Phillyrea angustifolia)*, lentiscos *(Pistacia lentiscus)*, espárragos *(Asparagus acutifolius)*, coscojas *(Quercus coccifera)*. Entre las plantas trepadoras destacan las madreselvas *(Lonicera splendida* y *Lonicera implexa)*, zarzaparrillas *(Smilax aspera)* y las rubias *(Rubia peregrina)*.

Los quejigares y otros bosques caducifólios

Al igual que sucedió con los encinares, los bosques caducifolios de la sierra, compuestos principalmente por el quejigo *(Quercus faginea)*, el arce *(Acer granatense y Acer monspessulanum)* y el roble melojo *(Quercus pyrenaica)*, sufrieron, más aún si cabe, una reducción de sus efectivos en beneficio de la expansión de los pinares, sobre todo del pino laricio. De estos bosques que prefieren suelos fértiles y profundos, sólo nos quedan algunas pequeñas islas, especialmente de los de roble melojo, del cual se conservan algunas formaciones en la Sierra de Segura. Acompañan a aquéllos plantas como los espinos *(Crataegus laciniata y Crataegus monogyna)*, arros *(Berberis hispanica)*, cerecinos *(Prunus mahaleb)*, serbales *(Sorbus aria)*, peonias *(Paeonia officinalis)*, heleboros *(Helleborus foetidus)* y laureolas *(Daphne laureola)*, entre otras.

Los avellanares

Formación que merece una especial atención son los avellanares *(Corylus avellana)*, por tratarse de una especie de carácter eurosiberiano, por lo que la presencia de esta especie en estas latitudes mediterráneas es muy interesante, siendo en la Sierra de Segura donde se encuentran las formaciones más importantes de esta especie, que también está presente en la Sierra de Cazorla. Prefiere barrancos umbríos y frescos, huyendo por tanto de los lugares soleados. Acompañan a esta formación otras especies de relevado interés como es el acebo *(Ilex aquifolium)* y la fresa silvestre *(Fragaria vesca)*.

Los sabinares

Los sabinares de sabina negra *(Juniperus phoenicea)* son formaciones más o menos densas que se aclimatan sobre suelos pobres y desnudos, generalmente predegosos y a una altitud entre los 1.000 y 1.800 metros, con un alto grado de insolación. En la actualidad las sabinas cumplen un papel fundamental en la conservación de los suelos, por encontrarse las mismas en canchales y lugares desprovistos de vegetación, contribuyendo con su presencia a la formación y retención del suelo.

Las formaciones arbustivas

Estas formaciones, compuestas en su mayor parte por diferentes tipos de matorrales, son fruto de la destrucción del primitivo bosque por la acción antropógena. Entre las mismas se encuentran las formadas por un grupo de plantas denominadas aromáticas, principalmente de la familia de las labiadas, como son el espliego *(Lavandula latifolia)*, el tomillo *(Thymus orospedanus)* la mejorana *(Thymus mastichina)* y

Dedalera.

el romero *(Rosmarinus officinalis)*. Otras formaciones son las compuestas por plantas de la familia de las leguminosas, como la retama de bolas *(Retama sphaerocarpa)*, retama negra *(Cytisus reverchonii)* y la aulaga *(Ulex parviflorus)*. Tampoco falta una formación característica de los ecosistemas mediterráneos degradados como son los jarales, con especies como el *Cistus albidus* y el *Cistus monspeliensis*.

Para finalizar, señalaremos algunas de las especies que se encuentran en las zonas de mayor altitud del Parque Natural, son plantas adaptadas a la enorme sequía e insolación del verano en las alturas y a los rigores del invierno, con una gran amplitud térmica. Son plantas de porte rastrero y pinchudas, entre las que destacan los piornos o cojines de monja *(Echinospartum boissieri, Vella spinosa, Erinacea anthyllis, Hormatophylla spinosa* y *Arenaria alfacarensis)*.

Los bosques de ribera o en galería

Se trata de formaciones generalmente caducifolias que se aclimatan en las márgenes de los ríos y otros cursos de agua, necesitando por tanto de la humedad propia de este ecosistema para vivir, y jugando un importante papel en la conservación de nuestras riberas. Según la altitud, la distribución de las especies varía, siendo frecuentes las mimbreras *(Salix fragilis, Salix purpurea* y *Salix alba)*, las sargas *(Salix angustifolia)*, los sargatillos *(Salix atrocinerea)*, los álamos blancos *(Populus alba)*, los álamos negros *(Populus nigra)*, los fresnos *(Fraxinus angustifolia)*, los olmos montanos *(Ulmus glabra)*, los cornejos *(Cornus sanguinea)*, los avellanos *(Corylus avellana)*, las eneas *(Typha latifolia)* y las zarzamoras *(Rubus ulmifolius)*.

Madroño.

Amanita muscaria.

Las plantas rupícolas

Un elemento fundamental en el paisaje de estas sierras son sus paredes rocosas. En las mismas una gran variedad de plantas aprovechan las fisuras de las calizas para enraizarse, encontrando en éstas su hábitat idóneo, de aquí el nombre de rupícolas. De la gran variedad de plantas que colonizan estas paredes rocosas destaca una especie endémica conocida como grasilla *(Pinguicola vallisneriifolia* y *Pinguicola mundi)*, se trata de una planta carnívora, la cual segrega una sustancia pegajosa en sus hojas, donde quedan atrapados pequeños insectos al posarse en ella, los cuales son absorbidos por la planta.

Los pinares

Los bosques de pinos ocupan en la actualidad la mayor parte de la superficie de la sierra, en gran medida por haberse repoblado intensamente en los últimos siglos con los mismos, viéndose favorecida la expansión de estas coníferas por todo el territorio. La distribución del pinar va aparejada a la cota altitudinal. De esta forma, en cotas superiores a 1.300 metros, la especie dominante es el pino laricio o salgareño *(Pinus nigra salmannii)*, del que podemos encontrar buenos ejemplos de bosques autóctonos de esta especie con impresionantes ejemplares. Entre las plantas que acompañan a estos pinares se encuentran el espino *(Crataegus monogyna)*, la sabina *(Juniperus phoenicea)*, el arro *(Berberis hispanica)*, el acebo *(Ilex aquifolium)*, la madreselva *(Lonicera splendida)*, el rosal silvestre *(Rosa canina)*, la laureola *(Daphne laureola)*, la sabina rastrera *(Juniperus sabina)* y el enebro rastrero *(Juniperus communis)*. El pino negral o resinero *(Pinus pinaster)* ocupa las cotas entre los 1.000 y 1.300 metros de altitud, invadiendo algunas de las zonas por donde antes se distribuían los bosques esclerófilos, encinas, quejigos y robles principalmente, al haberse visto favorecida su expansión por el hombre. Por último, el pino carrasco *(Pinus halepensis)* coloniza las cotas más bajas de la sierra, por debajo de los 1.000 metros, zona característica de los encinares mediterráneos, acompañado de plantas tales como lentiscos *(Pistacia lentiscus)*, coscojas *(Quercus coccifera)* y romeros *(Rosmarinus officinalis)*.

LA FAUNA

Si realizáramos un ejercicio de recopilación por el pasado de la fauna de estas sierras, nos percataríamos de la ausencia de algunas especies emblemáticas de nuestra fauna, las cuales se han extinguido en estos parajes. Tal es el caso del oso pardo *(Ursus arctos)*, cuyo último ejemplar fue cazado a mediados del pasado siglo en la Sierra de Segura; el lobo *(Canis lupus)*, desaparecido hace unos 80 años; el erizo europeo *(Erinaceus europaeus)*; el lince *(Lynx pardina)* y el buitre negro *(Aegypius monachus)*, extinguidos en las últimas décadas; el corzo *(Crapeolus capreolus)*, que desapareció durante los años cincuenta, y el quebrantahuesos *(Gypaetus barbatus)*, extinguido en 1987-88.

Un rico patrimonio a conservar

A pesar de estas extinciones, el Parque Natural es rico en sus aspectos faunísticos, componiéndose su fauna de vertebrados de 6 especies de peces, 6 de anfibios, 17 de reptiles, 130 de aves y 30 mamíferos. Entre los vertebrados hay que destacar la presencia de algunos endemismos como la lagartija de Valverde *(Algyroides marchii)*, especie descubierta en el año 1958 por el profesor Valverde y cuya área de distribución se limita tan sólo a las Sierras de Segura-Cazorla y a la vecina Sierra de Alcaraz. Otra especie singular de

Cabra montés.

ENRIQUE MACKAY UN INGENIERO DE MONTES INSIGNE

El territoro que abarca a las Sierras de Segura y Cazorla ha constituido durante los dos últimos siglos un punto de referencia a la hora de abordar cualquier tema relacionado con la política forestal española, tanto a nivel de las sacas de madera, como de los tratamientos forestales y las repoblaciones llevadas a cabo en dicho espacio que, actuó en muchas ocasiones, como un verdadero laboratorio.

Sin lugar a dudas uno de los hombres del gremio forestal que dejó su huella por estos territorios es el ingeniero de montes Enrique Mackay, el cual llega a Cazorla al poco tiempo de obtener el título en la Escuela Especial de Ingenieros de Montes de Madrid y se incorpora a los trabajos que se vienen llevando a cabo sobre la ordenación de los montes de estas sierras.

Estos trabajos y sus cerca de 20 años de permanencia en la sierra hacen que Mackay obtenga un profundo conocimiento de las diversas realidades de la serranía, conociendo a la perfección el medio físico, biológico y las formas tradicionales de ocupación del hombre. Conocimientos que quedarían plasmados para la posteridad en muchos de sus artículos, como precursor de los acontecimientos de finales de este siglo, no deja de arremeter contra los que él considera son los causantes de la degradación de nuestros bosques, y de esta forma escribe:

«Las talas, los incendios, las roturaciones y el pastoreo han traído, pues, a la Sierra de Cazorla hasta su lastimoso estado presente, muy otro por cierto, del que se bosquejó al principio, y aun agravado, puesto que si aquellas acciones nocivas, debidas todas a la mano del hombre, destruyeron el magnífico vuelo, después vino la secuela inexcusable de la degradación del suelo. Acerca del trabajo de las aguas niveladoras, siempre dirigido a descarnar el esqueleto rocoso, daremos solamente breves noticias, que permitan formar idea de la rapidez con la que la capa térrea tan escasa, tan penosamente arrancada al subsuelo y tan tenazmente defendida por la vegetación, se degrada para ser arrastrada y entregada inerme a las aguas torrenciales».

Fue Mackay por tanto un hombre que se adelantó en su época a cuestiones que hoy ya nadie pone en duda, trabajador infatigable por la conservación de estas sierras, hoy su nombre está íntimamente vinculado a la histora de este macizo.

nuestra fauna es una subespecie de la ardilla común *(Sciurus vulgaris segurae)*. En cuanto a la fauna de invertebrados, la lista de especies endémicas es mucho más elevada, llegando a alcanzar alrededor de unos 50 taxones endémicos de la zona, teniendo en cuenta que raro es el año que no se descubre una nueva especie para la ciencia.

Otras especies por el contrario han experimentado un crecimiento desmesurado en sus poblaciones, al ser introducidas con fines cinegéticos, y competir con las especies autóctonas. Entre ellas se encuentran el gamo *(Dama dama)* y el muflón *(Ovis musimon)*, que junto al ganado doméstico han desplazado de sus hábitats a la cabra montés *(Capra pyrenaica)*, joya de las cresterías de la sierra cuyas poblaciones se restablecen en la actualidad de la virulenta epidemia de sarna que dejó sus poblaciones en unos 500 individuos sobre una población que contaba con cerca de 12.000 ejemplares.

Las aves

El grupo más numeroso de los vertebrados del Parque está constituido por las aves. Entre éstas destacan las rapaces con un total de 26 especies, muchas de ellas asociadas a los cortados rocosos donde encuentran el lugar idóneo para nidificar. Destacan el alimoche *(Neophron percnopterus)*, el buitre leonado *(Gyps fulvus)*, el aguila real *(Aquila chrysaetos)*, el aguila perdicera *(Hieraetus fasciatus)*, el halcón común *(Falco peregrinus)* y el búho real *(Bubo bubo)*.

Pequeñas aves colonizan también los cantiles rocosos, como es el caso del vencejo real *(Apus melba)*, el avión común *(Delinchon urbica)*, el avión roquero *(Hirundo rupestris)* y córvidos como la grajilla *(Corvus monedula)* y la chova piquirroja *(Pyrrhocorax pyrrhocorax)*.

Águila real.

En las zonas próximas a los cursos fluviales podemos encontrar aves como la lavandera blanca *(Motacilla alba)*, la lavandera cascadeña *(Motacilla cinerea)*, el martín pescador *(Alcedo atthis)*, la bella oropéndola *(Oriolus oriolus)*, el ruiseñor común *(Luscinia megarhynchos)* y el mirlo común *(Turdus merula)*. Asociado estrictamente a los cursos de agua, y sin abandonar éstos se encuentra el mirlo acuático *(Cinclus cinclus)*, especie vinculada a los cursos de aguas limpias, donde obtiene su alimentación buceando.

Un grupo de aves, característico del Parque por su gran superficie de bosques, son las forestales. Entre éstas se encuentran las que están asociadas a los bosques caducifólios y esclerófilos, como el agateador común *(Certhia brachydactyla)*, el trepador azul *(Sitta europaea)*, el chochín *(Troglodytes troglodytes)*, el arrendajo *(Garrulus glandarius)*, el pinzón común *(Fringilla coelebs)*, que resulta especialmente abundante y el mito *(Aegithalos caudatus)*. En los pinares, los pájaros forestales más comunes son el car-

y crepusculares, como son la gineta *(Genetta genetta)*, el gato montés *(Felix sylvestris)*, la garduña *(Martes foina)*, el tejón *(Meles meles)* y el astuto zorro *(Vulpes vulpes)*.

Los grandes herbívoros se encuentran representados por cinco especies, dos de las cuales fueron introducidas con fines cinegéticos, tal es el caso del gamo *(Dama dama)* y el muflón *(Ovis musimon)*. Los otros tres ungulados son el ciervo *(Cervus elaphus)*, el jabalí *(Sus scrofa)* y la cabra montés *(Capra pyrenaica)*, especie esta última

Mochuelo común y gamo.

bonero común *(Parus major)*, el carbonero garrapinos *(Parus ater)*, el herrerillo común *(Parus caeruleus)*, el herrerillo capuchino *(Parus cristatus)*, el piquituerto *(Loxia curvirostra)*, y pájaros carpinteros como el pico picapinos *(Dendrocopos major)* y el pito real *(Picus viridis)*.

Los mamíferos

Entre los mamíferos carnívoros se encuentran especies como la nutria *(Lutra lutra)*, que habita los cursos de aguas bien oxigenadas. Tampocon faltan especies, en su mayoría nocturnas

que se encontró al borde de la extinción a finales de los ochenta y principios de los noventa, debido a la competencia con otros ungulados, con el ganado doméstico y a la extensión de una epidemia de sarna, lo que ha llevado a la Administración del Parque a tomar medidas de control sobre las poblaciones de los mamíferos introducidos para evitar la extinción de la cabra montés, medidas que están dando su fruto con la recuperación de dichas poblaciones, y a las que había que añadir el control del ganado doméstico.

HISTORIA
Y
ARTE

El macizo montañoso de Cazorla, Segura y Las Villas contiene una gran variedad de restos arqueológicos e históricos, fruto del crisol de culturas que en el mismo se han establecido a través de los tiempos y que han dejado sus huellas en el interior de dicho espacio. A pesar de su aislamiento, al tratarse de una zona de montaña, estas sierras constituían un lugar idóneo para la vida en épocas prehistóricas, dadas su riqueza en caza y pesca. El acceso al interior del macizo desde su periferia se realizaba siguiendo los numerosos valles fluviales como el del Guadalquivir, Segura, Guadalimar, Guadalentín, etc.

LA PREHISTORIA

Los hallazgos más antiguos que se conocen en la zona son los de «Puente Mocho» (Beas de Segura), lugar situado en las terrazas del río Guadalimar, donde se han encontrado restos del Paleolítico Inferior y Medio (120.000-60.000 a. C.). El lugar era propicio para la pesca y para la caza en las grandes migraciones de cérvidos que procedentes de Sierra Morena se desplazaban a estas sierras en busca de los pastos de verano.

Desde aquella época y debido a la última glaciación (Würm) no debió haber ninguna población estable en la zona, hasta finales del Paleolítico y en el Mesolítico (10.000-5.000 a. C.), donde aparecen hallazgos de nuestro antepasado el *Homo Sapiens Sapiens* en dos yacimientos que se encuentran en el interior del Parque: el de la «Cueva del Nacimiento», junto al nacimiento del río Segura, y el de «Valdecuevas», cerca de la Nava de San Pedro en la Sierra de Cazorla. En ambos yacimientos se han encontrado abundantes restos de armas de caza y huesos de diferentes ungulados (ciervo, cabra montés y rebeco), lo que denota el caracter cazador de estos pueblos.

Durante el Neolítico (4380-2040 a. C.), la serranía se encuentra poblada por los primeros productores de alimentos que a la vez domestican animales como ovejas y cabras, y aparecen los primeros restos de cerámica. Hay que destacar de esta época los testimonios de las primeras pinturas rupestres del denominado arte levantino, en cuevas como el «Abrigo de la Cañada de la Cruz» que alberga las únicas figuras humanas de arte levantino de toda Andalucía.

De la Edad del Cobre (2700-1750 a. C.) existen también unos importantes vestigios en los yacimientos de «Haza del Trillo» (Peal de Becerro) y en «Río Frío» (Santiago de la Espada), con enterramientos colectivos acompañados de ajuares y armas. También son abundantes los yacimientos en la Sierra de Quesada, ricos en pinturas.

La Edad del Bronce comienza en la zona aproximadamente en el año 1500 a. C., con gentes procedentes de Granada y Almería, que acceden al macizo a través del valle del Guadiana Menor, buscando los metales (cobre y plata) de Sierra Morena. El núcleo principal de esta cultura se encontraba en la Sierra de Quesada, junto a la actual población del mismo nombre.

La última cultura prehistórica antes de entrar en la Historia es la constituida por los iberos (600-200 a. C.), de la cual quedan importantes restos en los aledaños del Parque, entre los que destacan: «Castellones de Ceal» (Hinojares), «Bruñel Bajo» (Quesada) y la magnífica «Cámara sepulcral de Toya» (Peal de Becerro).

Mosaico de Bruñel.

HISTORIA

De la época romana son escasos los vestigios en la zona, destacando las ruinas de Bruñel (Quesada), donde existen los restos de una «villa» romana pertenecientes a una casa señorial de tipo rural fechada en los siglos III y IV, y donde destacan una colección de mosaicos, con figuras de divinidades y animales, así como motivos geométricos y mitológicos.

Sin lugar a dudas es de la época islámica de la que mayores restos quedan diseminados por toda la geografía del Parque. Fortalezas, atalayas, torreones y murallas, aparecen dispersos por la serranía, testigos de la importancia que estos lugares tuvieron como frontera de escaramuzas entre moros y cristianos durante la época de la Reconquista y de los casi 400 años que la sierra perteneció al califato de Córdoba y al reino de Granada, antes de la disociación de los reinos de taifas.

Dos son los focos culturales más importantes dentro de la sierra: Quesada y Segura. Quesada es descrita por los árabes como una ciudad rica, que basa su comercio en la fabricación de útiles de madera. Sus alrededores se encuentran flanquedaos por torres vigías, entre las que destacan la fortaleza de Tíscar que data del año 896, y que fue destruida por las tropas cordobesas.

Segura de la Sierra era una fortaleza inexpugnable, como en la actualidad se puede comprobar, y famosa por la producción de madera que se empleaba en la construcción de edificios y embarcaciones. Aquí existió uno de los reinos de taifas de Levante que se extendía por toda la Sierra de Segura y sus aledaños.

Con la conquista de los cristianos estas sierras se dividen en dos grandes dominios: el del arzobispado de Toledo sobre Cazorla, y el de la Orden de Santiago sobre Segura.

El arzobispo de Toledo, don Rodrigo Ximénez de Rada, controla el territorio de Cazorla a partir del año 1231, por donación de Fernando III. Es en la mitad del siglo XIV cuando este señorío perteneciente a la Iglesia pasó a denominarse Adelantamiento de Cazorla, siguiendo bajo la jurisdicción del arzobispo de Toledo. Ya en el siglo XVI el secretario de Carlos V, el ubetense don Francisco de los Cobos, es nombrado adelantado de Cazorla, cargo que heredan los familiares de éste, lo que ocasionó un pleito entre la sede toledana y los herederos de don Francisco de los Cobos, saliendo vecendor del mismo, en el año 1601 el arzobispo de Toledo, don Reinaldo de Rojas y Sandoval.

En la Sierra de Segura el señorío de la Orden de Santiago, formado por numerosas poblaciones, muchas de las cuales no pertenecían al reino de Jaén, controloba un lugar sumamente estratégico por ser una zona fronteriza. Su capitalidad se encontraba en la actual Segura de la Sierra y desde allí se ejercía el control de numerosas poblaciones como Orcera, La Puerta de Segura, Hornos, Siles, Benatae, Torres de Albanchez, Villarodrigo, Chiclana y Génave.

Después de la reconquista de estos territorios por la Orden de Santiago, entre los días 27 al 29 de julio de 1580, se elaboran por los representantes de las villas, las *Ordenanzas del Común de la Villa de Segura y su Tierra*, en el hoy desaparecido Monasterio de Santa María de la Peña de los Padres Franciscanos, situado en las cercanías de Orcera, siendo confirmadas por el rey Felipe II el 5 de junio de 1581. Estas Ordenanzas fueron ejemplo de la

LA CAMARA SEPULCRAL IBÉRICA DE TOYA

Toya es uno de los poblamientos más antiguos que existen en la zona. Fundada cinco siglos a. C., debió ser un núcleo importante, vistos los vestigios hallados. En el año 1908, tal como nos narra Alfredo Benavente Landínez, un campesino de Peal de Becerro, José García Plaza, al quedar enganchada la reja de su arado a la losa que daba acceso a dicha Cámara propició el descubrimiento de la misma.
Construida en el siglo IV a. C., y declarada Monumento Artístico Arquitectónico Nacional el 10 de junio de 1918, constituye uno de los monumentos funerarios de su clase más perfectos de España. La misma sirvió para enterrar los restos de varios individuos por el rito de la incineración, guardando las cenizas en cistas y vasos, que eran colocados sobre las repisas de la cámara. De planta rectangular, se dividía en cinco departamentos, distribuidos sobre tres naves longitudinales, construidas con sillares de rocas calizas.
El ajuar encontrado en la cámara es muy rico, en su mayor parte, se encuentra en el Museo Arqueológico Nacional. Se compone, entre otros elementos, de una escultura en piedra que representa a una bestia, tres cistas de piedra y tres de yeso, una crátera ricamente decorada con la efigie de Baco representando una escena dionisíaca, cerámicas de decoración geométrica, restos de un carro de guerra ibérico, un casco ibérico y una falcata ibérica.

Cámara sepulcral de Toya.

capacidad que los segureños tuvieron para conservar y aprovechar de una manera racional sus recursos naturales. La Sierra de Segura estuvo adscrita al Fuero de Cuenca durante más de 500 años, desde 1246 a 1748.

En 1748 la Corona estableció unas Ordenanzas que convierten a la comarca en Provincia Marítima, con capital en Orcera, estableciéndose por mediación de la Marina un tribunal especial, otorgándose ésta el derecho a talar en los bosques, hecho que sin duda viene a propiciar un ambiente hostil entre la administración que sobreexplota los bosques y los serranos, al privar a éstos del aprovechamiento de las maderas y de los pastos.

El final de la Provincia Marítima tiene lugar en el año 1836, con el incendio provocado en el archivo del Ministerio de Orcera. En este año se produce la primera desamortización, y los montes pasan a manos de particulares, dejando de pertenecer a los Ayuntamientos del común.

Fuente de Carlos V, en Segura de la Sierra.

En el año 1852 llega la segunda desamortización con el recién creado Cuerpo de Ingenieros de Montes, creándose, a instancias de la reina Isabel II, una subcomisión regia de deslindes, quedando de esta forma la mayor parte de los montes en posesión del Estado y prescribiendo el derecho que los Ayuntamientos tenían sobre estos.

En 1877 se inicia el señalamiento de los montes, mediante el amojonamiento de los mismos, trabajo que abarca hasta el año 1917. Dicho amojonamiento sentó las bases territoriales del posterior Patrimonio Forestal del Estado, del que los serranos no guardan muy buen recuerdo.

Tras la Guerra Civil las poblaciones de la sierra pierden gran parte de su población, efectuándose una fuerte emigración, sobre todo al Levante español. Hecho que se acentúa con la creación del Coto Nacional de Caza de Cazorla-Segura en el año 1960, expropiando a numerosas familias que

vivían hasta ese momento en el interior de la sierra.

En la actualidad, con la declaración de Parque Natural por la Junta de Andalucía en 1986, ha comenzado un lento resurgir de las economías de la zona, basadas en tres pilares fundamentales: la agricultura –en especial el olivar–, la ganadería, con la oveja segureña, y el turismo rural, que acude por el atractivo de sus paisajes, sus pueblos y gentes, así como por la diversidad de su flora y fauna.

Iglesia de Orcera.

Castillo templario de La Iruela.

COSTUMBRES
Y
TRADICIONES

Siembra de patatas.

Obtención de miel.

El marco geográfico del Parque Natural está formado principalmente por dos comarcas: la Sierra de Segura y la Sierra de Cazorla, y aunque ambas tienen muchos puntos en común, dado el carácter serrano de sus gentes, existen también algunas diferencias entre una y otra, debido principalmente a la existencia de muchas aldeas y pequeñas cortijadas en el interior de la Sierra de Segura, elemento que falta en la de Cazorla, como consecuencia de las expropiaciones llevadas a cabo durante los años sesenta y setenta, con la creación del Coto Nacional de Caza. Este factor es el que ha motivado que hoy en la Sierra de Segura podamos encontrar costumbres y comportamientos de la vida tradicional que aún perduran dentro del macizo.

La economía más tradicional en el interior de la sierra está basada en la autosuficiencia familiar, que gira en torno a la huerta de la que se obtienen no muchos productos, principalmente las patatas o «crillas», los tomates, los pepinos, las cebollas, las habichuelas, los garbanzos y los pimientos, que se completan con algunos frutales como la cereza, el melocotón, los membrillos, las granadas, las nueces, los higos y las manzanas. A estos productos de la huerta hay que añadir el cerdo (gorrino), principal fuente de proteínas para el serrano y del cual se obtienen jamones, chorizos, morcillas, lomo de orza, etc.

En los pueblos y aldeas del Parque la economía se sustenta principalmente en la agricultura, la ganadería y la madera, aunque esta última actividad haya decaído en los últimos años. En la agricultura el cultivo mayoritario es el olivar, del cual existe una denominación de origen en la Sierra de Segura. Además el municipio de Génave es pionero en España en la producción de aceite ecológico, bajo la marca de «Oro de Génave», fruto de un cultivo tradicional en el que no se utilizan productos químicos.

La ganadería representa el mayor procentaje de esta actividad a nivel provincial, destacando los términos de Santiago de la Espada y Segura de la Sierra. La mayor parte de esta cabaña pastorea en los montes del Estado, destacando entre las especies ganaderas la oveja segureña de la que se obtiene una apreciada carne. La práctica de la trashumancia es habitual, no sólo por los ganaderos del interior del Parque, sino por otros que vienen desde Sierra Morena, buscando los pastos de altura en primavera y verano.

La madera es adjudicada por la Administración mediante lotes que salen a subasta, teniendo garantizada la producción anual los maderistas de la zona. Hasta principios de los años ochenta era RENFE la que tenía

Cerámica de Segura de la Sierra.

Tradicionales aperos de la zona.

el monopolio de la madera de estos montes, especialmente para la construcción de las traviesas del ferrocarril. En la actualidad el bosque se considera más como refugio de una rica biodiversidad, compatibilizando las actividades de regeneración y favorecimiento de las especies autóctonas, con las meramente extractivas de maderas.

Otras actividades tradicionales que aún se conservan son la apicultura, con una producción de miel de alta calidad, en sus variedades de romero, espliego o mil flores; la elaboración de esencia de espliego que en estos momentos sólo cuenta con una instalación en la Sierra de Quesada; o la recogida de líquenes que se practica sólo por unas pocas familias, conocidos como «los peluseros», y el cual es utilizado como estabilizador de perfumes y en la fabricación de cosméticos.

Algunas actividades han quedado en el recuerdo, no practicándose en la actualidad. Entre estas se encuentran la elaboración de alquitrán, quedando los restos de algunos hornos donde se extraía el alquitrán denominados «pegueras», nombre conservado en algunos topónimos, como en la aldea de la Peguera del Madroño. Otros oficios también perdidos son el de la confección de cal, o el de los pineros que conducían los troncos por los ríos de la sierra.

Sin lugar a dudas un aspecto peculiar del serrano es el lingüístico, que en muchas ocasiones nada tiene que ver con el lenguaje de otras tierras de Andalucía. Es un lenguaje que se ha

Artesanía del esparto.

transmitido por vía oral y en el que se han mantenido los arabismos y arcaismos. Aunque la raíz es andaluza, al igual que en el resto de Jaén, las influencias de las tierras levantinas (Murcia y Almería) y de la Mancha, se dejan notar en el habla, sobre todo en la Sierra de Segura.

Dentro del folclore de estas sierras destacan la jota serrana, cuyos orígenes datan del siglo XVIII. Esta jota serrana es menos enérgica que la aragonesa y se canta más tranquilamente, destacando en sus letras los temas pícaros. Otro baile muy enraizado en la zona es el fandango serrano, de matiz sosegado y suave.

Entre las fiestas populares de los municipos del Parque tienen una larga tradición las diferentes romerías que se celebran por toda su geografía, destacando entre éstas la de la Virgen de Tíscar que se celebra el primer domingo de septiembre, y a la cual acuden gentes de todos los alrededores. Cerca del santuario se encuentra la famosa Cueva del Agua, lugar donde la tradición dice que se apareció la Virgen.

En Cazorla es tradicional el último domingo de abril, la romería de la Virgen de la Cabeza, patrona de los pastores, de la que cuenta la leyenda que se le apareció a un pastor en un día de tormenta y también habla de las rivalidades entre los habitantes de La Iruela y Cazorla por llevarse ambos la imagen. Ubicada la ermita en el término de Cazorla desde esta se pueden contemplar las dos poblaciones. En Cazorla también son famosas las fiestas de San Isicio que se celebran a mediados de mayo y donde existe la costumbre de iluminar con lámparas de aceite las fachadas de las casas por donde transcurre la procesión. Cuenta la leyenda que San Isicio uno de los apóstoles de Santiago, llego a Quesada e instaló una imagen de la Virgen en la Cueva del Agua en Tíscar, convenciendo a los habitantes de Quesada de los milagros que hacía la Virgen. Después continuó camino de Cazorla donde fundó su sede y donde fue lapidado, para más tarde ser venerado como patrón de Cazorla. La feria grande de Cazorla es la del Cristo del Consuelo que se celebra el 17 de septiembre todos los años desde el siglo XVII. El Cristo del Consuelo es un lienzo realizado por el pintor Mariano Madrazo, de primero de los años cuarenta. Con anterioridad a este lienzo se tienen noticias de dos lienzos más, uno en 1677 y otro entre los años 1659 y 1664.

Es costumbre en la procesión de este Cristo la ofrenda del trigo realizada por los devotos de la campiña y la de la tea por los devotos serranos.

En la Sierra de Segura destacan los encierros de vaquillas en casi todas sus fiestas que son corridas por los más jóvenes del lugar. Tampoco faltan las romerías, como la de la Virgen del Cam-

Elementos de la vida rural serrana.

po patrona de Torres de Albánchez, que se celebra el último domingo de mayo. En Segura de la Sierra son típicas las fiestas en honor a la Virgen del Rosario, que se celebran en octubre con la procesión de la Virgen, bailes típicos y una corrida de toros en su plaza rectangular, que fue antigua caballeriza de los caballeros de la Orden de Santiago.

Otras fiestas casi olvidadas son la de San Antón en la Puerta de Segura, donde los más jóvenes pedían la caridad para los pobres y recorrían las calles golpeando las puertas pidiendo el «sanantón» y maldiciendo a los animales de los dueños que no les correspondían. En ese día se bendecía un cerdo que era cuidado por todos los vecinos y después se rifaba entre estos, era el famoso «marranillo de San Antón». En Segura de la Sierra aún se celebra la fiesta de Santa Quiteria que data del siglo XVI, y por la cual el Concejo daba de comer pan a los más necesitados; en la actualidad se comen los típicos hornazos en el campo.

En Hornos de Segura y Siles se celebran fiestas en honor a San Roque. En esta última población se sacrifican dos reses que se cocinan lentamente en un caldero colocado en el porche de la ermita. El caldero fue una donación efectuada en el año 1835 por un calderero napolitano, descendiente de otro calderero que hizo una anterior caldera en 1376. Al día siguiente tras escuchar la misa y asistir a la procesión, todos comen la carne del caldero «Caldera del Santo».

Como cualquier pueblo, los serranos no estaban libres de las creencias populares, que en algunas ocasiones iban ligadas a la existencia de la brujería. Genaro Navarro en su trabajo *Bosquejo folclórico sobre la Sierra de Segura* nos dice que los habitantes de estas sierras «suponen poblado el mundo de seres invisibles, que intervienen en amores, venganzas, enfermedades y muertes, y en las contingencias de la más adversa y próspera fortuna. Brujas, duendes traviesos. Las personas de mediana edad han conocido, en estos pueblos, seres con dones de videncia para anunciar la muerte o con virtud para curar enfermedades». No faltan tampoco los saberes tradicionales para la curación del mal de ojo, para enamorar a una persona, contra las tormentas, para prevenirse de las serpientes, para sacar el sol de la cabeza tras una insolación, etc. Así como los remedios con plantas mediciales para cualquier enfermedad tanto de los humanos como de los animales.

LOS PINEROS

La madera en estas sierras ha sido uno de los principales medios de vida para sus habitantes. Los trabajos de señalamiento, corta, pela y ajorro de la madera, completaban su ciclo, hasta mediados del siglo XX, con el transporte de ésta por los ríos Guadalimar y Guadalquivir al Atlántico, y por el Segura al Mediterráneo. Las conducciones de madera por los ríos de la sierra, hoy perdida, tiene una larga historia que se remonta al siglo X, como lo demuestran algunos relatos de geógrafos árabes. Esta larga tradición en el oficio hizo que muchos de nuestros pineros se trasladasen a la Serranía de Cuenca para conducir troncos por el río Tajo hasta Aranjuez.

Una jerarquía bien organizada constituía la plantilla de hombres en la conducción fluvial de los troncos y traviesas. Al mando se encontraba el *maestro de río*, en segundo lugar estaba el *mayoral de la lantera* y el tercer jefe era el *mayoral de la zaga*, seguían a éstos otros mayorales y por último los *cuadrilleros*, provistos de un gancho de doble punta, herramienta esencial para este trabajo. Los mayorales de la lantera ocupaban el principio de la conducción y con sus hombres se encargaban de preparar el cauce, para que las maderas transcurrieran de forma óptima sin obstaculos ni tropiezos, construyendo en algunas ocasiones empalizadas de madera, para que aquella se deslizara con facilidad. Los de la zaga eran los responsables del final de la conducción, desenganchando las maderas que hubieran quedado atrapadas. Junto a todos ellos iban hateros y pinches, que se encargaban de preparar la comida, guardas, tenderos y pagadores.

Uno de los hechos más relevantes de estos heróicos hombres tuvo lugar a partir del año 1733, con el transporte de más de 8.000 pinos de la Sierra de Segura para la construcción de la Fábrica de Tabacos de Sevilla, edificio hoy perteneciente a la Universidad. Este hecho, analizado ampliamente por el eminente segureño Emilio de la Cruz Aguilar, sería el principio de muchas de las desgracias de los habitantes de estas sierras, cuando en 1748 se crea la Provincia Marítima de Segura que controlaría la madera a través del llamado Negociado de Montes.

GASTRONOMÍA

Aceitunas.

En las sierras de Segura y Cazorla, como en el resto de la provincia de Jaén, la cultura gastronómica deriva de la influencia de los romanos, sobre todo al hablar de los platos elaborados con harina de trigo o maíz. Posteriormente los árabes introducirían su gastronomía, influenciada sobre todo por las hierbas aromáticas, el cordero y los dulces, además de otros muchos aspectos que han quedado asimilados hasta nuestros días.

En la gastronomía serrana abundan los platos que se han ido heredando a través de generaciones, siendo este un tipo de comida antigua y tradicional, basada en los productos de la huerta, en el cerdo, el aceite de oliva, el trigo, la caza y la pesca. Aunque no es rica en variedad de platos, sí lo es en la calidad de sus productos, cocinados con cariño y paciencia como antaño.

Entre los platos de la zona que forman parte del entremés, son característicos los que tienen su base en el ajo. Entre estos se encuentran el *ajoatao*, realizado con patata cocida y machacada, aceite de oliva, ajos y huevo, obteniéndose una pasta que se unta sobre el pan frito. Con el ajo se realizan

Gachamiga y Caldereta de Gamo.

Aceite de oliva virgen de las sierras de Segura y Cazorla.

también platos como el *ajoharina, ajopringue, ajo labrao, ajo mulero,* etc. También como entrante podemos degustar los diferentes embutidos que se obtienen en la matanza del cerdo, como son los chorizos, la morcilla blanca y negra, y el jamón serrano curado de forma natural.

Sin lugar a dudas uno de los platos más sencillos y típicos de la zona es la *gachamiga* elaborada con harina, agua, aceite de oliva, sal y patatas. Esta se acompaña con productos de la matanza, como chorizos, morcillas, torreznos y pimientos rojos secos y fritos. Es un plato fuerte para comer a mediodía.

De los ganados que aquí pastan destacan la carne de oveja segureña, cuyos corderos recentales y lechales nos ofrecen una carne de gran calidad en sus chuletas, calderetas y piernas. El choto también es muy apreciado en la zona, más por los habitantes de la sierra que por los visitantes. Estas carnes asadas en horno de leña y condimentadas con hierbas aromáticas constituyen unos platos muy sabrosos.

Tampoco podemos olvidar la gastronomía cinegética, basada en la caza y la pesca abundante en la sierra. Entre esta se encuentra la caza menor con especies de pluma como la perdiz y la paloma torcaz, y de pelo como la liebre. En la caza mayor destaca la denominada carne de monte: ciervo, ga-

ANDRAJOS Y RIN-RAN

Los *andrajos* o *talarines* son uno de los platos más típicos y extendidos en la provincia de Jaén y, por supuesto, no podía faltar en estas sierras. Para hacerlo prepararemos una sartén con aceite de oliva un sofrito de ajo, cebolla, pimiento verde y tomate, junto con unos cominos y pimentón. A este sofrito le añadiremos una liebre troceada y la rehogamos bien; después la sazonaremos y le añadiremos abundante agua, y la ponemos a hervir hasta obtener una carne tierna. Aparte preparamos una pasta casera con harina y agua, la cual se extiende con un rodillo y se trocea en láminas finas que vamos añadiendo al caldo. Esperamos a que todo cueza bastante, procurando obtener un caldo como una sopa. Se sirve con unas ramitas de hierbabuena y laurel. En la época de Cuaresma es costumbre sustituir la liebre por el bacalao.

El *rin-ran* podemos tomarlo como un primer plato o entremés. Para realizarlo coceremos unas patatas y elaboraremos con ellas un puré. Coceremos también unos pimientos secos rojos que añadiremos al puré de patatas obteniendo una masa. Por otra parte mezclaremos aceite de oliva picual virgen con vinagre y sal. Ponemos sobre un plato la masa obtenida con las patatas y los pimientos y le añadimos por encima la mezcla de aceite, vinagre y sal. Todo esto lo adornamos por encima con huevos duros partidos, cebolletas, aceitunas negras y bacalao a tiras.

Trucha serrana.

mo y jabalí, elaborada en adobo o en salsa. Entre los pescados de los ríos de la sierra destaca la trucha, que se elabora de diferentes formas, siendo la trucha marinada a la serrana, realizada con aceite de oliva y acompañada con jamón, níscalos y plantas arómaticas un excelente plato.

De los postres destacan el pan de higo, realizado con higos secos a los que se les añaden nueces y almendras bien picadas y un chorreón de anís dulce, con todo esto se obtiene una masa que se recubre con azúcar. La carne de membrillo, las gachas dulces con harina, canela, leche, matalahuva, aceite y azucar. Diversas frutas en almíbar, como el melocotón y las peras. Y dentro de la repostería destacan dulces como los papajotes a base de harina, huevos, leche y sal, con todo se prepara una masa que se fríe con aceite de oliva, para una vez frita espolvorearle azúcar y canela.

Entre las bebidas se encuentran una especie de sangría denominada «cuerva», elaborada con vino blanco, agua, azúcar, melocotones o manzanas y raspaduras de limón o naranja, muy común en los festejos. Tradicional también es la mistela, de elaboración casera, realizada con aguardiente de la zona denominado también «orujo» y que se obtiene de las uvas blancas de las parras. La mistela además del aguardiente lleva miel, clavo, raspadura de naranja y canela, constituyendo un agradable digestivo para después de las comidas, al igual que el aguardiente serrano.

Por ser ésta una tierra de abundantes plantas medicinales, no podemos dejar de nombrar sus excelentes infusiones a base de manzanilla, poleo, mejorana, té de piedra, etc.

Como faltan los vinos en la zona se recomiendan algunos caldos de las cercanías del Parque, como son los vinos de Torreperogil y los de Pozo Alcón, estos últimos de reciente creación pero de una aceptable calidad como vinos de mesa.

RUTAS POR EL PARQUE NATURAL

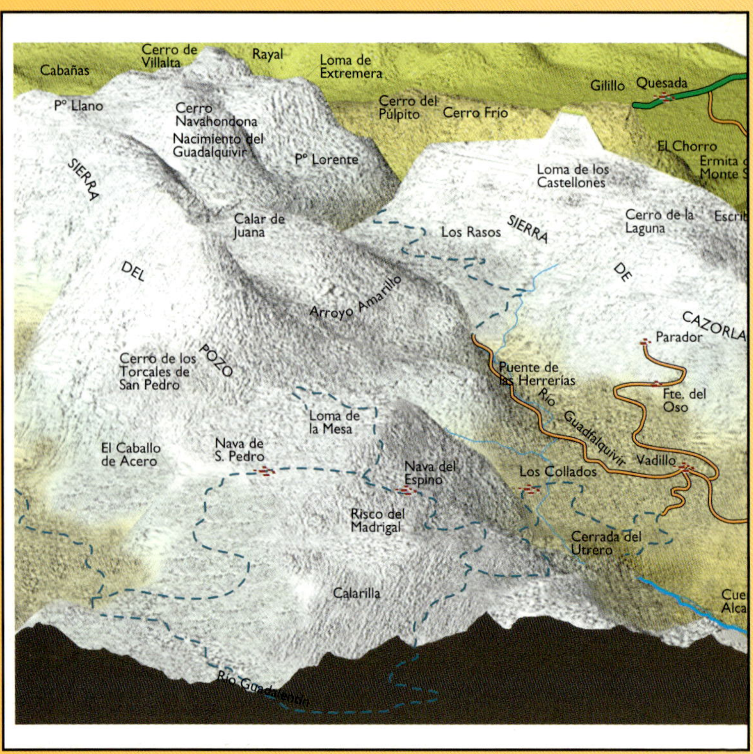

RUTA-1 PEAL DE BECERRO-CAZORLA-LA IRUELA-NACIMIENTO DEL GUADALQUIVIR

ALOJAMIENTOS HOTELEROS

Cazorla

Parador de Turismo El Adelantado ***
Sierra de Cazorla, s/n. ☎ (953) 727075
Villa Turística de Cazorla ***
Ladera de San Isicio, s/n. ☎ (953) 710100
Hotel Peña de los Halcones ***
Travesía del Camino de La Iruela, s/n.
☎ (953) 720211
Hotel Parque **
C/ Hilario Marcos, 62. ☎ (953) 721806
Hotel Amsterdam **
C/ Hilario Marcos, 36. ☎ (953) 720025
Hotel Andalucía *
C/ Martínez Falero, 42. ☎ (953) 721268
Hotel Don Diego *
C/ Hilario Marcos, 163. ☎ (953) 720531
Hotel Cazorla *
Plaza de la Corredera, 4. ☎ (953) 720203
Hostal Guadalquivir **
C/ Nueva, 6. ☎ (953) 720268
Hostal Betis *
Plaza de la Corredera, 4.
☎ (953) 720540
Hostal La Estrella *
C/ La Tercia, 1. ☎ (953) 720208
Hostal Limas *
C/ Hilario Marcos, 175. ☎ (953) 721909
Hostal Taxi *
C/ San Antón, 7. ☎ (953) 720525

Burunchel

Apartahotel Los Ranchales ***
Ctra. de la Sierra, km. 6. ☎ (953) 727115
Hostal El Ciervo *
Ctra. de la Sierra, km. 7. ☎ (953) 727002
Hostal El Control *
Ctra. de la Sierra, s/n. ☎ (953) 727117
La Iruela

La Iruela

Hotel Sierra de Cazorla **
Ctra. de la Sierra, km. 2. ☎ (953) 720015
Hotel La Finca **
Ctra. de la Sierra, km. 1,5.
☎ (953) 720501

Peal de Becerro

Hotel Al Andalus **
Ctra. de Santo Tomé, 5. ☎ (953) 731100
Hostal Juanito *
Ctra. de Quesada, s/n. ☎ (953) 730716

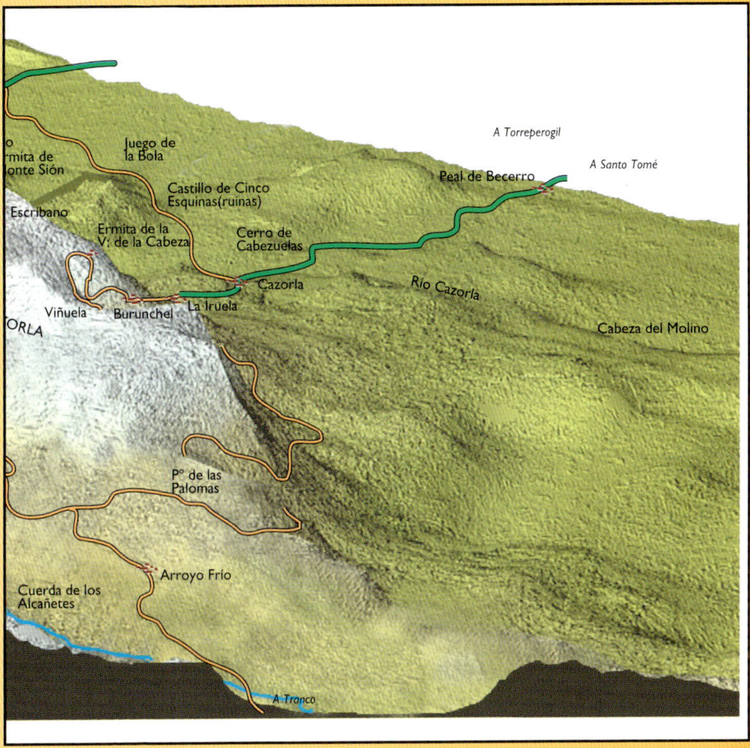

CÁMPINGS
Puente de las Herrerías.
1260 plazas, 3ª categoría
Ctra. Nacimiento del Guadalquivir, km. 2.
☎ (953) 727090
Camping El Cortijo.
Ctra. Cazorla a Quesada

TURISMO RURAL
Cazorla
Hotel de Montaña Riogazas **
Ctra. de La Iruela al Chorro, km. 4,5.
☎ (953) 124035
Casa rural Cortijo La Almedina.
☎ (953) 720380
Casa rural La Era.
☎ (953) 721249
Casa rural El Bosque.
☎ (953) 721249
Casa rural Finca Los Cerezos.
☎ (953) 124009
Casa rural Torre El Molino.
☎ (953) 721249

SERVICIOS VARIOS
Cazorla
Ayuntamiento. ☎ (953) 720000
Guardia Civil. ☎ (953) 720080
Casa de Socorro. ☎ (953) 720204
Museo de Artes y Costumbres del Alto Guadalquivir. Visitas de 10 a 13 y de 16 a 19 horas (Situado en el Castillo de la Yedra). Cerrado los lunes y festivos.
☎ (953) 720000
Albergue Juvenil de Cazorla.
Pza. Mauricio Martínez, 6. ☎ (953) 720329
Excursiones Quercus.
C/ Juan Domingo, 2. ☎ (953) 720115
Excursiones Foresta.
C/ Martínez Falero, 13. ☎ (953) 721910

La Iruela
Ayuntamiento (953) 720712

Burunchel
Aula y Albergue de la Naturaleza del río Cañamares.
Camino de Burunchel a Chilluevar.
☎ (953) 721707

Peal de Becerro
Ayuntamiento. ☎ (953) 730011
Guardia Civil. ☎ (953) 716032

RUTA1. PEAL DEL BECERRO-CAZORLA-LA IRUELA-NACIMIENTO DEL GUADALQUIVIR

En la presente ruta, vamos a conocer el Alto Guadalquivir. Sin lugar a dudas hablamos de los 12 km del curso del río Guadalquivir que mantienen un mayor grado de conservación, desde su nacimiento al Puente de las Herrerías, donde el hombre aún no ha tenido actuaciones impactantes para el río, como embalses y otras infraestructuras. Coincide además por dicho motivo, que gran parte de la ruta transcurre por la zona de mayor protección del Parque Natural: nos referimos a la Reserva Natural de Navahondona-Guadahornillos. Tiene además esta ruta, en su último trayecto otro atractivo importante, además de llegar hasta el nacimiento del gran río andaluz, y es que la misma transcurre por la divisoria de dos importantes formaciones geológicas, que se alinean paralelas al alto valle del Guadalquivir, se trata de la Sierra de Cazorla, con los picos de Escribano (1.460 m) y Gilillo (1.847 m), que quedan a la izquierda del río aguas abajo y la Sierra del Pozo a la derecha, con las cumbres de La Mesa (1.650 m), el Calar de Juana (1.841 m) y Cabañas (2.028 m). Factores estos que, sumados a las dos desviaciones de la ruta que proponemos –una conocer la Sierra de Cazorla por su lado oeste, en el contacto de esta con la campiña, a través de la carretera que desde La Iruela nos conduce al Chorro, y la otra escapar hasta las Navas de San Pedro, Barranco del Guadalentín y principios de los Campos de Hernán Perea, con la Sierra de la Cabrilla como testigo–, hacen de la misma un atractivo viaje a los parajes más recónditos de la serranía.

PEAL DE BECERRO

Población situada a 15 km de Cazorla y con 5.350 habitantes. Podemos acceder a ella desviándonos de la carretera N-322 (Córdoba-Valencia) en la localidad de Torreperogil, que constituye una de las entradas más conocidas del Parque Natural. Peal de Becerro fue declarada villa en el año 1822 por una Real Orden del rey Fernando VII, aunque continuó dependiendo de Cazorla hasta el año 1847. En la ciudad sobresalen los restos de su antigua fortaleza, en concreto dos torres de planta cuadrada, cuyos nombres son la Torre del Reloj y la Torre Mocha, construidas entre los siglos XIII y XIV, y la iglesia de Nuestra Señora de la Encarnación. De su artesanía destaca la fabricación de alfombras y esteras. Celebra fiestas en honor la Virgen de la Encarnación del 29 de agosto al 3 de septiembre, también son famosas la romería del Puente de la Cerrada, el 1 de mayo, y la que se celebra en Toya el día 25 de abril en honor a San Marcos.

En sus alrededores se encuentran la famosa **Cámara Sepulcral de Toya**, monumento funerario ibérico situada a 6 km de dicha población, y **Hornos de Peal**, a 7 km de distancia en la carretera que se dirige a Quesada, donde existen los restos de un acueducto romano.

CAZORLA

Al pie de la **Peña de los Halcones** y en la ladera de una montaña a 886 metros de altitud, se extiende esta bella ciudad, declarada Conjunto Histórico. Posee una población de 9.000 habitantes. Rodeada por dos fortalezas, la más alejada el castillo de las Cinco Esquinas, y, sobre el barrio antiguo de la ciudad, el castillo de la Yedra, construido por el arzobispo Carrillo sobre los restos de una fortaleza árabe y que en la actualidad alberga el Museo de Artes y Costumbres Populares del Alto Guadalquivir. Esta ciudad, de gran calado histórico en el siglo XIV, ostentó la capitalidad del Adelantamiento de Cazorla, cuando

Aspecto de Cazorla.

Vista de Cazorla.

LA VIOLETA DE CAZORLA

El 7 de junio del año 1902, en la Fuente del Tejo, paraje situado en las estribaciones del monte Gilillo, el botánico Michel Gandoger descubría para la ciencia una violeta a la que bautizó con el nombre científico de *Viola cazorlensis*, conocida vulgarmente como Violeta de Cazorla.
Cuentan en la ciudad de Cazorla que el prestigioso botánico, que se hospedaba en dicha población, partió temprano aquella mañana del 7 de junio hacia la sierra por el camino que parte de las faldas del castillo de la Yedra, por detrás de las ruinas de Santa María, siguiendo el curso del río Cerezuelo, para subir hasta la cascada de la Escaleruela y desde aquí ascender hasta el nacimiento de la Fuente del Tejo situado a 1.500 m de altitud, precisamente en este lugar y en unas fisuras de las calizas encontró Gandoger la Violeta de Cazorla.
Esta bella planta de color rojo encarnado y que crece formando matas almohadilladas generalmente a partir de los 1.200 m, tiene entre sus rasgos morfológicos y que la diferencian del resto de las violetas, su largo espolón, de hasta 35 mm, y en el cual se produce el néctar que los insectos libarán para llevar a cabo la polinización. Desde su descubrimiento, todos los botánicos que han estudiado de alguna forma la Violeta de Cazorla, han indicado el carácter rupícola de esta planta, estableciendo su hábitat exclusivamente en las paredes y lastras rocosas. Esta teoría ha sido cuestionada a finales de los años ochenta por el doctor Carlos M. Herrera, el cual tras varios años de investigación sobre la biología y ecología de la Violeta de Cazorla, ha llegado a la conclusión de que su actual hábitat rupícola es circunstancia directa de la presión que dicha planta recibe por parte de los mamíferos herbívoros (cabras domésticas mayormente), al consumir éstas las cápsulas con la consiguiente falta de dispersión de las semillas. El difícil acceso de los herbívoros a las paredes rocosas verticales, ha hecho que la *Viola* encuentre en éstas su último refugio en el Parque Natural.

La Iruela, presidida por su castillo.

Fernando III la puso en manos del arzobispo de Toledo.

Entre sus monumentos cabe destacar la plaza de Santa María, situada a los pies del castillo de La Yedra, y bajo la cual transcurren las aguas del **arroyo del Cerezuelo**. Esta plaza fue el centro neurálgico durante los siglos XVI y XVII, como lo demuestran las peculiares construcciones que la bordean y en donde destacan dos obras de singular importancia: las ruinas de la iglesia de Santa María y la Fuente de las Cadenas. El templo de Santa María lo mandó construir el Adelantado de Cazorla, don Francisco de los Cobos en el siglo XVI; la obra atribuible al gran arquitecto del renacimiento andaluz, Andrés de Vandelvira (en la actualidad se conservan la capilla mayor y la torre, faltando la cubierta de la misma). La otra obra es una gran fuente de finales del siglo XVI con inscripciones que aluden a Felipe II.

Otros monumentos destacables son la iglesia del Carmen, del siglo XVIII, que fue antiguo colegio de los Jesuitas; el antiguo convento de la Merced, hoy sede del Ayuntamiento, donde se conserva el claustro y la torre, habilitada en la actualidad como teatro; la iglesia de San Francisco, con fachada renacentista del siglo XVII, en donde se custodia el lienzo del Cristo del Consuelo, y el palacio de las Cadenas, gran casa de campo con amplios jardines pertenecientes a los marqueses de Camarasa.

Entre sus fiestas destacan la dedicada a la Virgen de la Cabeza, el último domingo de abril, las de San Isicio, el 15 de mayo, con su famosa «Caracolá», y la feria de septiembre.

LA IRUELA

A escasos metros de Cazorla se encuentra la villa de La Iruela, que perteneció al Adelantamiento de Cazorla, del cual se independizó en el año 1370, consiguiendo un fuero y un escudo propio. En la actualidad cuenta con 2.100 habitantes, y es muy conoci-

Puerto Gilillo en Otoño.

da por la artesanía del esparto y por la elaboración de chacinas. Nos llama la atención en esta localidad la silueta de su castillo, cargado de leyendas, que aparece en lo alto de una peña, antigua fortaleza musulmana que perteneció más tarde a la Orden de los Caballeros Templarios. Cerca de la fortaleza se encuentran las ruinas de la iglesia de Santo Domingo de Silos, del siglo XVI y de estilo renacentista, donde se denotan las influencias de Vandelvira (esta iglesia fue, hasta no hace mucho tiempo, el cementerio de la villa). Es recomendable pasear por sus tranquilas calles empinadas que dan acceso al castillo y por los paseos habilitados dentro del recinto de la fortaleza, desde donde las vistas de la campiña son excelentes.

Celebra fiestas en Agosto.

VISITA A LAS ESTRIBACIONES DEL GILILLO

Desde la Iruela, y separándonos de nuestra ruta, podemos coger una carretera que nos conduce a los miradores, desde los que hay unas magníficas vistas de la población de Cazorla y de la campiña. En este punto encontramos un desvío que nos lleva hasta la ermita de la Virgen de la Cabeza; continuando llegamos a la **cascada de la Escaleruela**, situada a unos 3 km de la Iruela. Desde este punto podemos continuar por una pista forestal desde la que tenemos buenas vistas del castillo de las Cinco Esquinas, a 1 km encontramos el control de Riogazas, y más adelante pasamos cerca de la ermita de la Congregación de Nuestra Señora de Monte Sión del Desierto de Cazorla, al que podemos acceder por una senda que queda a la derecha de la pista. Continuando por esta pista a 8 km de Riogazas, llegamos al **Chorro**, punto de partida de la excursión a pie al **Gilillo**, y donde existe una antigua casa forestal, 1 km más adelante hay un cruce de caminos, el de la derecha y después de recorrer 16 km nos llevará hasta **Quesada** y por el de la izquierda llegaremos al nacimiento del río Guadalquivir, distante de este punto 12 km, pasando por **Puerto Lorente**.

BURUNCHEL–PUERTO DE LAS PALOMAS

Volviendo a la Iruela, descendemos para tomar la carretera que nos conduce al interior del Parque en dirección a la población de **Burunchel**, pedanía de La Iruela, situada a 7 km. La carretera por la que circulamos bordea los límites del Parque por su margen derecha, donde sobresalen las cumbres del **Cerro Escribano** (1.460 m), y a nuestra izquierda podemos contemplar una bella panóramica de la campiña salpicada de olivares. Los primeros km de esta ruta, hasta introducirnos en el Parque por Burunchel, transcurren a media ladera junto a los límites del mismo.

En Burunchel existe un control de acceso, situado justo en el límite del Parque y desde el que nos introducimos en el mismo. Una vez pasado el control de Burunchel abundan los pinares de repoblación de la especie pino resinero *(Pinus pinaster)*, entre éstos se ven dispersos los restos del antiguo encinar *(Quercus ilex ballota)*, que en algunas zonas se encuentra bien conservado. Desde Burunchel, situado a 900 m, comenzamos a ascender bruscamente bordeando el **pico Viñuela** (1.348 m), y transcurridos 5 km llegamos al **Puerto de las Palomas** (1.200 m) y al **Mirador del Aire**. Una parada en este lugar nos permitirá observar este puerto natural entre la campiña y la sierra, lugar de paso de ganados en la transhumancia buscando los pastos de primavera y verano de los altos páramos serranos. 1 km más arriba se encuentra el **mirador del Puerto de las Palomas**, desde el cual podemos contemplar una estupenda panorámica del alto valle del Guadalquivir y numerosas cumbres, que podemos identificar a través de una rosa de los vientos existente en el lugar: desde el **Yelmo de Segura** (1.840 m), al norte del Parque,

Senderismo por Arroyo Linarejos.

hasta el **pico de Cabañas** (2.028) al sur. En este lugar llaman poderosamente la atención las construcciones del valle que se encuentra a nuestros pies, correspondientes a la pedanía de Arroyo Frío, perteneciente al municipio de La Iruela, y en donde los volúmenes de construcción, han sobrepasado con creces este tipo de actuaciones dentro de un espacio natural protegido.

Una vez en el **Puerto de las Palomas** el pino dominante es el pino laricio *(Pinus nigra salzmannii)*, que comparte el territorio con especies como la sabina negra *(Juniperus phoenicea)*, el agracejo *(Phillyrea latifolia)*, el piorno *(Echinospartum boissieri)* y el romero *(Rosmarinus officinalis)*. Entre la fauna, destacan la observación de diferentes rapaces diurnas desde el Puerto de las Palomas, una excelente atalaya que nos permite contemplar especies como el águila calzada *(Hieraetus pennatus)*, el águila perdicera *(Hieraetus fasciatus)*, el águila real *(Aquila chrysaetos)*, el halcón común *(Falco peregrinus)* y el buitre leonado *(Gyps fulvus)*.

LA LEYENDA DE LA CERRADA DEL UTRERO

La Cerrada del Utrero (cuyo nombre alude a un novillo entre dos y tres años, casi toro), es hoy uno de los lugares más visitados por el turismo. Su fácil y cómodo acceso, la belleza del lugar y su situación, la hacen merecedora de una visita. Pero lo que mucha gente no conoce es la leyenda que sobre el lugar pesa desde tiempos remotos.

Situada en la frontera entre moros y cristianos, sobre la Cerrada del Utrero existe una vieja leyenda que narra la desaparición de la hija mayor de un rey moro una noche de primavera en que aquélla contrajo matrimonio; sucediéndole en la primavera siguiente igual infortunio a la hermana que le seguía en edad y derramándose la sangre de ambas por las espumosas aguas del Guadalquivir que salta en cascadas por la zona. Las dos hermanas fueron encontradas destrozadas por una potente cuerna, como premonición de todos los males que se habían abatido en la zona desde la primavera en que desaparecío la primera muchacha. A esto había que añadir la muerte durante la noche del ganado, hecho que tenía aterrorizados a los pastores. Se llegó a decir que los rebaños se espantaban por un gran mugido que se escuchaba en una grieta de La Cerrada al salir la luna.

Los súbditos del rey moro, aterrorizados por los hechos, y como solución le dijeron al rey que debería entregar a todas sus hijas al monstruo y no desposarlas, para que se vengara en ellas, pues quería como tributo a jóvenes doncellas. El rey accedió a la petición y confinó a la última hija hasta la primavera siguiente para ofrecerla en sacrifio al monstruo. Estando la joven recluida, un pinero consiguió verla y pretendiéndola ella accedió a su amor. Cuando llegó la primavera el terrible mugido volvió a oírse en la noche de luna llena y la joven corrió presa de locura hacia la Cerrada; detrás de ella el pinero vio como un monstruo con dos cuernos se acercaba hacia él y, arremetiéndole con su gancho, ambos cayeron a las aguas del Guadalquivir y desaparecieron. Cuenta la leyenda que todas las primaveras, coincidiendo con la desaparición del pinero, las aguas de La Cerrada se tiñen de sangre y sobre una grieta aparece una joven desnuda.

EMPALME DEL VALLE-VADILLO DE CASTRIL

Desde el Puerto de las Palomas comenzamos a descender durante 3 km hasta llegar a una encrucijada de caminos, conocida como el **empalme del Valle**. En este lugar existe un área recreativa y desde aquí parte una ruta de senderismo a pie que conduce a la Fuente del Oso y al Puente de las Herrerías. También en este lugar podemos ver un mapa-mural del Parque. Como cruce de caminos, desde este punto podemos tomar dos direcciones: a nuestra izquierda se nos indica la dirección de Arroyo Frío, Torre del Vinagre, Coto Ríos y embalse del Tranco (Ruta 3 en vehículo); nosotros tomaremos la otra dirección que nos indica Parador de Turismo y Vadillo. Continuando por esta carretera, a 3 km, encontramos un cruce a la derecha, que nos indica la dirección de la **Fuente del Oso**, situada a 2 km, y el **Parador de Turismo del Adelantado** que se encuentra 4 km más arriba, lugar donde termina dicha carretera en el sitio conocido como Sacejo, por debajo de los **cerros de la Torquilla y de la Laguna**.

Continuando por la carretera que traíamos, a 1 km de aquel desvío llegamos a otro cruce a la derecha, que nos conduce al **Vadillo de Castril**, pequeño poblado de casas encaladas que recibe su nombre de un antiguo vado sobre el río Guadalquivir que antaño había que sortear para llegar desde Cazorla a la población de Castril en la vecina provincia de Granada. En el Vadillo existe una Escuela de Capacitación Forestal de gran solera académica, el Centro de Defensa Contra Incendios CEDEFO y varias dependencias de la Consejería de Medio Ambiente. Todo el poblado es de titularidad pública,

Parador de Turismo.

Águila calzada.

siendo la mayor parte de sus habitantes personal de la Guardería Forestal. Hasta mediados de los años ochenta en este lugar se encontraba una famosa serrería, de la que aún podemos observar sus instalaciones y que RENFE cerró cuando dejó de tener el monopolio en la extracción de las maderas de estas sierras. Desde el cruce del Vadillo podemos también realizar a pie el sendero de la **Cerrada del Utrero** que indicamos en las rutas a pie.

DESVÍO HACIA LA SIERRA DE LA CABRILLA Y CAMPOS DE HERNÁN PEREA

Regresando de nuevo a la carretera, y después de atravesar un puente sobre el río Guadalquivir, nos encontramos con un cruce: si tomamos el de la izquierda, llegaremos en 2 km al campamento juvenil y área recreativa

Puente de las Herrerías.

de **Linarejos**, tomando una pista que sale a nuestra izquierda en una curva muy cerrada, si continuamos por la carretera a 3 km pasaremos por la **Casa Forestal de Los Collados**, donde se acaba el asfalto y 4 km más adelante se encuentra la **Nava del Espino**, lugar desde donde parte la excursión a pie a Los Poyos de la Mesa, continuando por la pista a pocos metros, nos encontramos a nuestra izquierda con la **Fuente de la Garganta**, y 1 km más abajo con la **Nava de San Pedro**, continuando por la pista tras recorrer 6 km llegamos a la antigua **Casa Forestal de Fuente Acero**, a la derecha sale una pista que tras algo más de 1 km nos lleva hasta la ribera del río Guadalentín, desde este lugar a 3 km se encuentra el **collado de Fuente Bermejo**, situado entre la Cuerda de los Alcañetes y la Loma de Enmedio, lugar donde esta el cruce a la Laguna de Valdeazores, desde el que podemos enlazar con la ruta a pie del río Borosa y lagunas de Valdeazores, distantes de este punto unos 5 km, quedando a nuestra derecha el espectacular **Barranco del río Guadalentín**, por encima de este se alza majestuosa la **Sierra de la Cabrilla**, donde se encuentran los picos del **Alto de la Cabrilla** (2.032 m) y el **pico de Empanadas** (2.107 m), máxima cota del Parque; en esta sierra, en los **Poyos de la Carilarga** nidificaron los últimos quebrantahuesos de Andalucía, desde aquí la pista continúa para llegar a la **Nava de Paulo**, **Nava Noguera**, desde donde tenemos unas excelentes vistas del barranco del Guadalentín y Ramblaseca principio de los Campos de Hernán Perea, desde donde podemos llegar hasta Pontones y Santiago de la Espada, que distan unos 30 km de distancia desde este lugar, atravesando los solitarios **Campos de Hernán Perea**, pero este recorrido sólo se puede realizar en vehículo todo terreno, siendo recomendable para personas que conozcan bien el lugar, debido a la muchas pistas que en el mismo hay sin señalizar, con el peligro de perderse en estos inmensos llanos, que en la época invernal resultan muy peligrosos.

EL ALTO GUADALQUIVIR

Retomamos nuestra ruta en el cruce que habíamos dejado cerca del Vadillo de Castril, y tomamos la dirección al Nacimiento del Guadalquivir, transcurridos unos 3 km llegamos al conocido **Puente de las Herrerías** situado a 1.100 m. de altitud, donde existe una zona recreativa. El puente, construido a base de sillares y con un arco de medio punto como solución al obstáculo fluvial, está plenamente integrado en el paisaje. Sobre él existe la leyenda de que fue construido en una noche por los caballeros cristianos que acompañaban al séquito de la reina Isabel La Católica camino de Ba-

LOS CAMPOS DE HERNÁN PEREA

Los Campos de Hernán Perea son conocidos por algunos serranos como los *Campos de la Gran Pelea*, en alusión a una posible batalla librada en estos territorios; ésta parece ser fruto de las leyendas que narran los enfretamientos entre moros y cristianos por estos lugares. Lo más probable es que el nombre de este lugar se deba al nombramiento que el arzobispo de Toledo hiciera en la persona del canónigo Hernán Perea de Contreras como gobernador de estas tierras.

Los Campos constituyen un basto territorio altiplano con escasos bosques, situado en el límite oriental del Parque, entre los 1.600 y 1.700 metros de altitud sobre el nivel del mar, y de unos 20 km de longitud, con algunas cumbres que emergen en su interior. Están flanqueados por la Sierra de la Cabrilla (2.107 m) y la Cordillera de las Banderillas (1.993 m) y fueron frontera antaño entre el Adelantamiento de Cazorla y la Orden de Santiago.

Comienzan éstos, si venimos de Cazorla, a través de la Nava de San Pedro, en el lugar conocido como Rambla Seca, formada por el arroyo del Infierno que tributará sus aguas al embalse de Aguas Negras, terminando en otra afamada rambla, la de Los Cuartos, que describimos en la Ruta 7 en vehículo. Conforme avanzamos por estos parajes solitarios, nos encontramos con profundas simas, fruto del proceso kárstico, como las de Pinar Negro y la del Hundimiento, y con puertos agrestes que nos ponen en contacto con la vecina Sierra de Castril en la provincia de Granada, como Puerto Lezar.

Estos apartados territorios se encuentran llenos de viejas historias, que hacen referencia a lo desolado y agreste de estos lugares, y nos hablan de caminantes perdidos, que en días de frío, nieve y niebla, encontrarían la muerte; de pastores perseguidos por lobos, etc. En la actualidad este lugar es el preferido por los pastores que acuden en primavera y verano con sus rebaños, atraídos por sus excelentes pastos. A pesar de ello, estos alejados territorios, situados en los confines de la Sierra de Segura, siguen teniendo un atractivo especial.

za hacia la conquista de Granada. No deja de ser una leyenda, dado que dicho puente fue construido por el antiguo Patrimonio Forestal del Estado, aunque con anterioridad pudo existir otro más tosco, levantado para sacar el mineral de hierro de una antigua mina, que puede ser la que verdaderamente dio el nombre al lugar: «herrerías». En este punto confluye la senda que habíamos comentado anteriormente cuando nos encontrábamos en el empalme del Valle y que enlaza éste con la Fuente del Oso y el Puente de las Herrerías.

Desde el Puente de las Herrerías, y una vez atravesado el mismo, comienza una pista forestal que, tras recorrer unos 11 km, nos llevará al nacimiento del río Guadalquivir. Nos introducimos en la **Reserva Natural de Navahondona-Guadahornillos**, zona de máxima protección del Paque Natural, con unos parajes de gran belleza, siguiendo paralelos al río Guadalquivir hasta su nacimiento, quedando a nuestra derecha la Sierra de Cazorla y a nuestra izquierda la Sierra del Pozo. Situada en el monte del Calar de Juana y Acebadillas, nos encontramos a 6 km con la **Casa Forestal de Los Rasos**, el nombre puede hacer alusión a un lugar llano en la montaña, fruto de la actividad de desbroce llevada a cabo por antiguos pastores. 1 km antes de llegar a Los Rasos, a nuestra izquierda, podemos ver cómo se precipita al Guadalquivir entre los bloques de calizas el **Arroyo Amarillo**.

Atardecer en Pico Cabañas.

Continuando por la pista forestal, y transcurridos algo más de 5 km, llegamos al nacimiento del Guadalquivir. Este se encuentra a 1.450 metros de altitud por debajo del **Cerro Navahondona**. Después de atravesar un puente llegaremos a un pequeño mirador situado al pie de la pista desde el que podemos descender, a través de unas escaleras de piedra, hasta el nacimiento. Aunque bien es cierto que, dependiendo de la época del año, el agua fluirá más arriba o más abajo del lugar

Nacimiento del Guadalquivir.

señalado. Regresando de nuevo a la pista, unos metros más arriba, llegamos a la Casa Forestal de la Cañada de las Fuentes, lugar donde existe una zona recreativa. En este último trayecto se encuentra la vegetación más interesante y mejor conservada de esta ruta, correspondiente al alto valle del río Guadalquivir, es decir, el trayecto comprendido entre el Puente de las Herrerías y la Cañada de las Fuentes. Se trata de una vegetación denominada de alta montaña (1.200-1.880 m), cuyas especies más representativas son el quejigo *(Quercus faginea)*, la encina *(Quercus ilex ballota)*, la cornicabra *(Pistacia terebinthus)*, el boj *(Buxus sempervirens)*, el arro *(Berberis hispanica)*, el arce *(Acer granatense)*, el enebro *(Juniperus communis)*, la sabina *(Juniperus phoenicia)* y el espino *(Crataegus monogyna)*; destacando entre las coníferas el pino laricio *(Pinus nigra salzmannii)*. En el trayecto hacia el nacimiento del Guadalquivir abundan las aves forestales constituidas por pequeños passeriformes, con especies como el herrerillo capuchino *(Parus cristatus)*, el carbonero común *(Parus major)*, el carbonero garrapinos *(Parus ater)*; también son frecuentes las trepadoras, como el trepador azul *(Sitta europaea)* y el agateador común *(Certhia brachydactyla)*. Entre los mamíferos destaca la presencia de la Cabra montés *(Capra pyrenaica)*, especie que sufrió a comienzos de 1988 una epidemia de sarna que llegó a esquilmar el 90% de la población, si bien en la actualidad parece haber superado esta epidemia y sus poblacio-

Roble.

nes comienzan a crecer de nuevo. Nuestra ruta transcurre en gran parte paralela al río Guadalquivir, de ahí que citemos entre la fauna piscícola a la trucha común *(Salmo trutta fario)*, restringida en la actualidad a unos pocos cursos de agua del Parque, entre otros motivos por la competencia que sobre la especie ha tenido la trucha arco iris *(Salmo gairdneri)*, que ha sido introducida de forma masiva en muchos ríos de la sierra, poniendo en peligro las poblaciones de trucha común.

Antes de llegar a la Cañada de las Fuentes, encontramos una pista a nuestra derecha, que nos llevará a Quesada, La Iruela y Cazorla, después de coronar **Puerto Lorente**, al pie del **pico Gilillo** (1.847 m). Pudiendo enlazar por aquí con el principio de esta ruta hasta La Iruela. Si continuamos por la pista forestal que pasa junto a la Casa Forestal de Cañada de las Fuentes, y la cual empeora a medida que ascendemos, podemos atravesar la Reserva Natural por la Sierra del Pozo, hasta enlazar con la carretera comarcal 323 (Ruta 2 en vehículo), después de realizar 25 km y que une las poblaciones del Parque de Quesada y Pozo Alcón. Por esta pista a 8 km llegamos a **Puerto Llano**, desde donde podemos realizar la ascensión a pie al **pico del Cabañas** (2.028 m), máxima cota de la Sierra del Pozo.

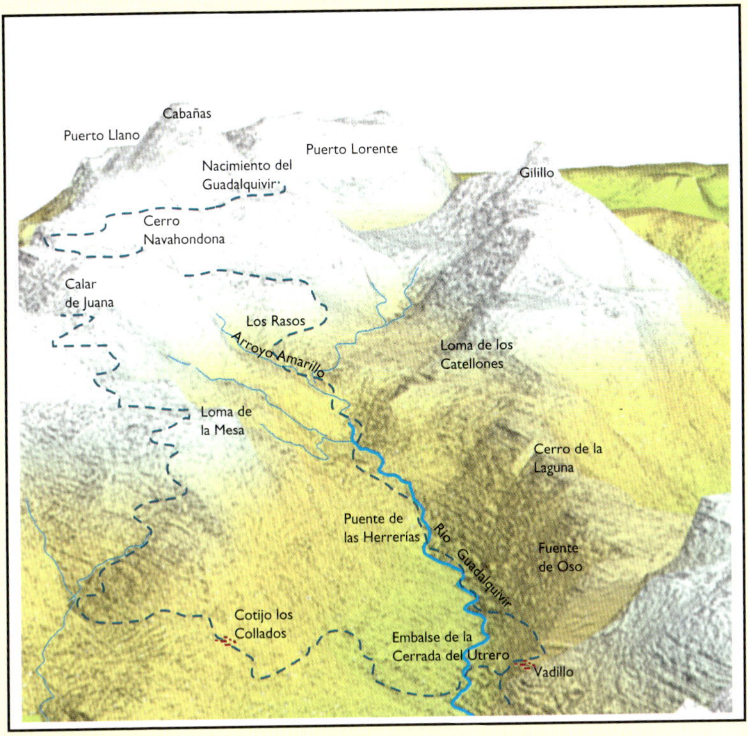

RUTA A PIE.
PUENTE SOBRE EL GUADALQUIVIR - CERRADA DEL UTRERO

A 21 km de la ciudad de Cazorla, en la carretera que nos conduce a la sierra, se encuentra el cruce del Vadillo de Castril. En este lugar existe un pequeño aparcamiento a ambos lados de la carretera junto al kiosco-bar Cerrada de Utrero.

La ruta es de tipo circular con una duración total de 1 hora y una distancia de apenas 1 km de recorrido.

Es un recorrido de fácil ejecución, siendo preferible realizarlo en la época de lluvias o en primavera con el deshielo, al tratarse de una cascada que durante el estío permanece prácticamente sin agua.

Esta ruta tiene por objeto contemplar el desnivel más acusado que tiene el río Guadalquivir en su tramo alto, desde el Vadillo de Castril (1.000 m) a la Central Eléctrica del Valle (850 m), apenas 2 km, tras los cuales el río se despeña por una cerrada que en total tiene un desnivel de 150 metros. Otro valor añadido de este paraje lo constituye la desembocadura del **arroyo de Linarejos**, que se precipita a través de un bello salto de agua al Guadalquivir formando una pequeña laguna. Todo esto, junto al bosque de encinas y cornicabras que destacan en las paredes de la Cerrada, dan al lugar una merecida fama.

Salto de Linarejos.

Para iniciar esta ruta nos trasladamos hasta el puente sobre el río Guadalquivir. A la izquierda de dicho puente, antes de atravesarlo, sale una senda que es la deberemos coger; una vez en ella el camino no tiene pérdida. Los primeros metros de la ruta son de una pequeña ascensión, para después comenzar a bajar hasta el muro de la antigua presa de la Cerrada del Utrero. Desde aquí descendemos por unas escaleras de piedra hasta un camino que se ensancha y después de andar unos metros nos encontraremos, al otro lado del río Guadalquivir, con el **salto de Linarejos**: se trata de un salto natural formado por las aguas del arroyo de Linarejos que se despeña entre las calizas hasta el río Guadalquivir. A nuestra espalda queda el **Peñón del Lanchón**, formado por un gran bloque calizo, que es bordeado por el camino en el que nos encontramos. Desde el mismo y asomomándonos a los miradores existentes, podremos contemplar una amplia panorámica del Valle del Guadalquivir, de la Central del Valle y del mirador de Las Palomas y el Cerro Viñuela por encima de éste. Continuando por el camino en poco tiempo llegaremos de nuevo al cruce del Vadillo, unos metros más arriba de donde iniciamos esta ruta.

Este pequeño rincón del Parque nos ofrece un reconfortante reencuentro con la naturaleza, tan sólo la pequeña presa de la Cerrada del Utrero (por cierto muy naturalizada con el paso de los años) es la única obra humana del lugar. El resto del paisaje, rodeado de grandes bloques calizos y la inaccesibilidad de la maquinaria pesada a estos roquedos y paredones, han hecho que la vegetación autóctona de la zona perdure a través de los tiempos y se libre de las repoblaciones efectuadas en sus alrededores. De esta forma podemos contemplar un rico encinar *(Quercus ilex ballota)* que se aferra a los roquedos, y junto a él aparecen árboles caducifolios como los arces *(Acer granatense)*. Durante el recorrido son abundantes las cornicabras *(Pistacia terebinthus)*, y junto al río aparecen diversos tipos de sauces y el boj *(Buxus sempervirens)*. La mezcla de todas estas especies dan al lugar un cromatismo muy particular durante el otoño.

Entre la fauna destacan en el río la nutria *(Lutra lutra)*, que se alimenta de peces como la trucha, y la rata de agua *(Arvicola sapidus)*. Las aves son también frecuentes; entre éstas destacan las aves asociadas a las aguas como son el mirlo acuático *(Cinclus cinclus)* y la lavandera cascadeña *(Motacilla cinerea)*.

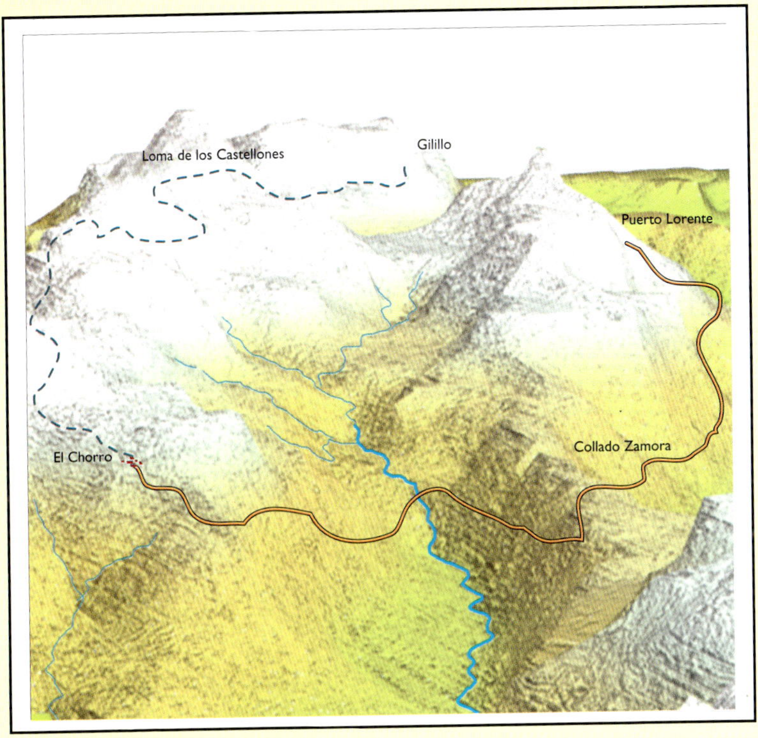

RUTA A PIE.
EL CHORRO (1.350 M)–PUERTO GILILLO (1.780 M)–PRADO DE LAS ABUBILLAS–PUERTO LORENTE–EL CHORRO

Por una carretera forestal que parte de la población de La Iruela, después de recorrer algo más de 10 km, llegamos a la antigua **Casa Forestal del Chorro**. En este lugar dejaremos el vehículo.

400 metros

1,5 horas hasta Puerto Gilillo
6 horas ruta circular

Ir provistos de agua, que podemos obtener en la fuente del area recreativa del Chorro, situada a 500 metros más abajo de la Casa Forestal siguiendo la pista forestal. También conviene llevar prenda para la cabeza.

Por detrás de la Casa Forestal tomaremos la senda de la izquierda, que pasa por encima de un antiguo secadero de piñas. La misma transcurre por un pinar de pino negral o resinero *(Pinus pinaster)*, con algunos quejigos *(Quercus faginea)*, encinas *(Quercus ilex ballota)*, rosales silvestres *(Rosa canina)* y abundante peonia *(Paeonia broteroi)*. Cuando llevamos unos 20' andando, entre algunos ejemplares de pino laricio *(Pinus nigra)* y plantas trepadoras como la hiedra *(Hedera helix)*, cruzamos un barranco donde aparecen plantas como el espliego *(Lavandula latifolia)*, el laureolo *(Daphne laurelola)* y plantas propias de las alturas como los piornos *(Erinacea anthillys y Echinospartum boisieri)*. Desde aquí tenemos unas excelentes vistas de la ciudad de Quesada y de la campiña. A unos 25' desde este punto, nos encontramos con la antigua senda, aún bien conservada, que unía Cazorla con los Almiceranes en Pozo Alcón. Nosotros la tomaremos a la derecha para seguir subiendo, a la izquierda la senda baja hasta la pista. Es fácil a partir de aquí encontranos con algún rebaño de gamos *(Dama dama)*, o de cabra montés *(Capra pyrenaica)*, que merodean por los cantiles rocosos de nuestra izquierda y por las laderas desprovistas de árboles, donde podemos observar algunas encinas aisladas, espinos majuelos *(Crataegus monogyna)* y plantas arbustivas como el espliego, el lastón y los piornos. Conforme ascendemos tenemos buenas vistas de la campiña con sus cortijos entre los olivares, de Quesada y, al fondo de Sierra Mágina. Después de volcar un pequeño puerto podemos ver la cumbre del **Gilillo** (1.847 m) y el resto de la senda que seguiremos hasta el puerto; a partir de aquí dominan el lastón, los piornos, algunos majuelos y encinas diseminados. A una hora y media aproximadamente desde el Chorro llegamos al **Puerto de Gilillo**, lugar muy propicio para ver al buitre leonado, incluso volando por debajo de nosotros. Cuando volcamos el puerto las vistas del alto valle del Guadalquivir son impresionantes: de izquierda a derecha podemnos ver la cumbre de **Las Banderillas** (1.993 m), **La Mesa** (1.650 m), el **Calar de Juana** (1.841 m) y el **Cabañas** (2.028 m). Por detrás de estas cumbres sobresale la **Sierra de la Cabrilla**. Podemos acercarnos hasta el vértice geodésico del Gilillo por una senda que encontramos a la derecha y que pasa entre dos mojones de piedra, en la línea divisoria de montes. Desde este punto podemos regresar sobre nuestros pasos al Chorro o continuar la excursión unas 4,5 horas más en forma circular. Si hemos optado por ello, comenzaremos a descender por la senda que encontramos al frente y que, después de pasar junto al refugio en ruinas, va buscando la dirección de la derecha. A unos 30' del puerto nos introducimos en un denso bosque de pino laricio que prácticamente recorreremos durante toda la ruta, encontrando una bifurcación que nosotros seguiremos a la derecha. A unos 100 metros veremos otra bifurcación, escogiendo la pista de la derecha, empezaremos a llanear a media ladera entre el Gilillo, que queda ahora a nuestra derecha y el valle del Guadalquivir a la izquierda. Por encima de éste podemos ver el Calar de Juana, Cabañas y el cerro Villalta. Conforme avanzamos, las encinas y los quejigos centenarios aumentan y en los barrancos, por donde el agua corre en la época de lluvias, abundan el laureolo y la zarzamora. A algo menos de una hora de la última bifurcación nos encontramos con otro cruce peor marcado que baja a la izquierda; nosotros seguiremos hacia la derecha donde la pista describe una curva y un pequeño ascenso. A unos 15' de allí llegaremos al cruce de la pista principal que viene desde el Chorro hasta el nacimiento del Guadalquivir. Si tomamos la dirección de la izquierda, a menos de 1 km llegaremos hasta la **Fuente de las Ubillas**, buen lugar para descansar y reponer fuerzas, y si continuáramos por la pista hacia abajo llegaríamos hasta el nacimiento del Guadalquivir y a la Cañada de las Fuentes, que se encuentra a 2 km de ese punto. Nuestra ruta continúa en dirección al Chorro, distante de aquel punto 11 km, por la pista hacia arriba, deshaciendo primero la distancia desde el cruce del punto kilómetrico 21, hasta la fuente. Comenzamos a ascender hasta **Puerto Lorente**, situado a 2 km de aquel punto, desde el que damos vistas a la otra cara de la sierra; 1 km más adelante tenemos una amplia panorámica de la **Cerrada de Extremera** –lugar que visitamos en otra ruta a pie–, de los **cerros de Villalta y del Rayal**, donde abunda entre la vegetación el romero *(Rosmarinus officinalis)*. Continuando nuestro recorrido llegamos a la antigua Casa Forestal de Collado Zamora, hoy en ruinas, y que se encuentra al pie de la pista. En nuestra ruta estamos bordeando las faldas del monte Gilillo y a partir de este punto daremos la vuelta al mismo para situarnos en su cara oeste, donde podemos observar cómo las encinas trepan por sus laderas por encima de los bosques de pinos. Después de un ascenso por la pista, y tras 5 km desde Collado Zamora, llegaremos hasta un cruce que nos indica a la izquierda la dirección de Quesada y a la derecha El Chorro, dirección que nosotros tomaremos para llegar hasta la Casa Forestal donde comenzamos la ruta. Cerca de este lugar podemos observar los cortados por donde transcurre el arroyo del Chorro.

Esta ruta tiene un amplio recorrido y la misma transcurre por diversos montes. Comienza en el **monte del Calar de Juana y Acebadillas** para luego introducirse, una vez que nos incorporamos a la pista que va del Chorro al nacimiento del Guadalquivir en el **monte de Poyo de Santo Domingo**. A partir del puerto del Gilillo, la ruta transcurre por la zona de máxima protección del Parque, es decir, por la Reserva Natural de Navahondona-Guadahornillos, con pinares de laricio muy

«El Chorro».

bien representados. La ruta nos permite diferenciar los estratos de vegetación, desde el bosque a 1.350 m de altitud, hasta las zonas de alta montaña cercana a los 1.800 m. La idea de conjunto del alto valle del Guadalquivir es también una constante, una vez que superamos el puerto del Gilillo, con la Sierra de Cazorla por donde nos movemos y la Sierra del Pozo tras el valle del Guadalquivir, con sus cumbres más emblemáticas (todo esto podemos observarlo a vista de pájaro desde el Gilillo). Todo el macizo del Gilillo es una lección de geología, con abundantes pliegues, que nos hablan de la historia geológica de esta emblemática cumbre, frontera entre la campiña y la sierra, y que tras cruzarla nos adentramos en los bellos bosques que guardan el curso alto del Guadalquivir. Estos parajes albergan una abundante y rica fauna, que va desde las aves forestales como herrerillos, carboneros, agateadores, trepadores, carpinteros, hasta rapaces como el águila calzada, el azor, el gavilán o el ratonero; mamíferos carnívoros como el tejón, la gineta, el gato montés y la comadreja; y grandes ungulados como el jabalí, la cabra montés, el gamo, el muflón y el ciervo, que encuentran en estos bosques sus últimos refugios.

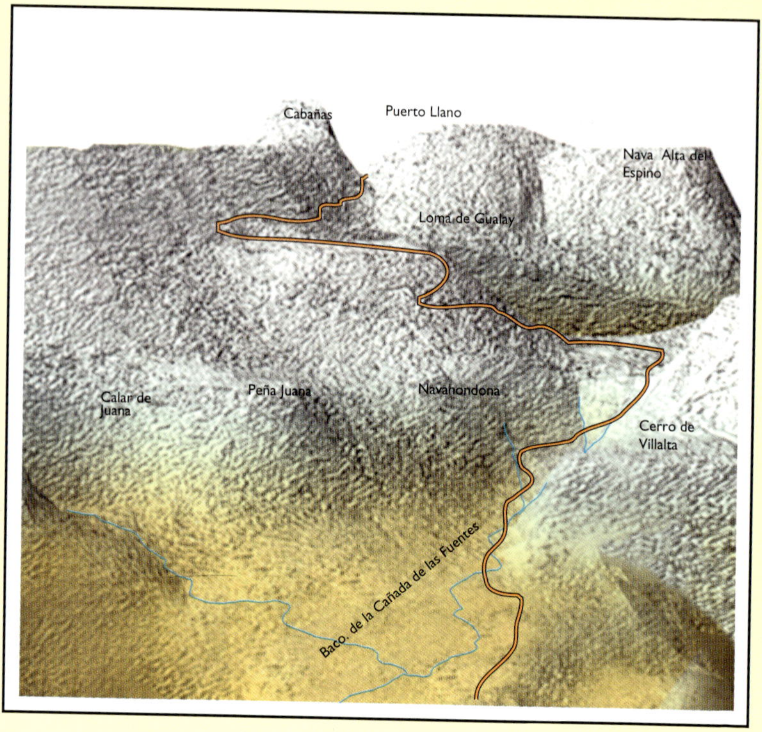

RUTA A PIE. PUERTO LLANO (1.800 M)–CABAÑAS (2.028 M)

Una vez pasado el nacimiento del Guadalquivir, tomamos la pista que conduce a Pozo Alcón y que pasa junto a la Casa Forestal de la Cañada de las Fuentes, que queda a nuestra izquierda. Desde este punto comenzamos a ascender por el **monte Calar de Juana y Acebadillas** entre un bello pinar de pino laricio *(Pinus nigra)*, donde abundan los quejigos *(Quercus faginea)* y las encinas *(Quercus ilex ballota)*, para más tarde introducirnos en el **monte Poyo de Santo Domingo**. Después de pasar la **Loma de Gualay**, cuando llevamos recorridos 8 km, comenzamos a llanear y llegamos a **Puerto Llano**. Nos orientaremos por el mojón kilométrico 22. Unos metros más arriba de este mojón dejaremos el vehículo y buscaremos entre el pinar de laricio, una pista a nuestra izquierda que se encuentra cerrada con una cadena.

228 m.

1 h. (subida a Cabañas)

En verano debemos proveernos de prenda para la cabeza. De agua podemos abastecernos en la fuente que hay junto a la Casa Forestal de la Cañada de las Fuentes, cerca del nacimiento del Guadalquivir.

En Puerto Llano tenemos un buen ejemplo de un bosque de alta montaña de pino laricio, donde abundan ejemplares de gran tamaño, debajo de éstos crece el enebro rastrero o enebriza *(Juniperus communis)* y la chaspina *(Juniperus sabina)*. Desde este punto a nuestra izquierda, podemos ver el pico de Cabañas, objetivo de nuestra ruta. Comenzamos a ascender por la pista que hemos indicado anteriormente, y cuando llevamos unos 20' llegamos a un collado donde el camino gira a la izquierda y algo más adelante la pista se convierte en una senda. A partir de este lugar podemos observar algunos ejemplares de pino laricio que toman una forma peculiar, denominada «pinos en bandera», presentando ramas sólo en una parte del tronco, como consecuencia de los fuertes vientos de la zona que hacen que desaparezcan las ramas azotadas por el viento conservándose sólo las que quedan protegidas por el tronco; es, en definitiva, una adaptación del vegetal a las adversas condiciones climatológicas como la lluvia, la nieve y principalmente el viento de la alta montaña . En el sotobosque podemos ver especies como el lastón *(Helictrotichon filifolium)* y el piorno azul *(Erinacea anthyllis)*. Cuando llegamos a la

Pinos en bandera en Cabañas.

Muscari cazorlensis.

cumbre, donde existe una caseta de vigilancia de incendios y un punto geodésico, tenemos unas excelentes vistas, principalmente de la **Sierra del Pozo** donde se encuentra esta cumbre, pero también de las de Cazorla y Segura. Desde este punto y mirando hacia el oeste, es decir, a la vertiente por donde hemos venido, podemos ver Puerto Llano a nuestros pies y, por encima de éste, de derecha a izquierda, el Gilillo (1.847 m), Cerro de Vitar, la Nava Alta del Espino y el Rayal (1.835 m). Nuestra vista alcanza desde aquí hasta Sierra Mágina y la campiña, con pueblos como Peal de Becerro. Hacia el sur podemos ver la **depresión del Guadiana Menor** y la **hoya de Guadix-Baza**, y detrás de ésta, la Sierra de Baza y, en días claros, Sierra Nevada. Por el este a nuestros pies queda el barranco del **río Guadalentín** con el **embalse de la Bolera** y, detrás de éste, la **Sierra de Castril** y, algo más a la izquierda, la Sierra de la Cabrilla y algunas cumbres de la Sierra de Segura. Dicen los lugareños que, en algunos días muy óptimos de

El Pico Cabañas.

visibilidad, desde este lugar con prismáticos nuestra vista puede alcanzar incluso la costa mediterránea.

Cabañas, con sus 2.028 m., es una de las cumbres más emblemáticas y techo de estas sierras junto con **las Empanadas** (2.107 m) y el **Alto de la Cabrilla** (2.038 m). En esta cumbre y sus aledaños, que se encuentra dentro de los límites del monte Cerros del Pozo en plena Reserva Natural, zona de máxima protección del Parque Natural, se refugian una serie de plantas endémicas únicas de la Península Ibérica, lo que da a esta porción del Parque un carácter especial. Cabañas es además un lugar insólito por lo agreste de su entorno, por la dureza de su climatología (esta es una de las zonas donde la nieve permanece por más tiempo) y por las vistas que desde su cumbre podemos contemplar. En definitiva, un conjunto de factores que hacen de este lugar uno de los rincones más bellos del Parque, y en donde debemos extremar las medidas de respeto y conservación, por la fragilidad de este ecosistema único en Andalucía.

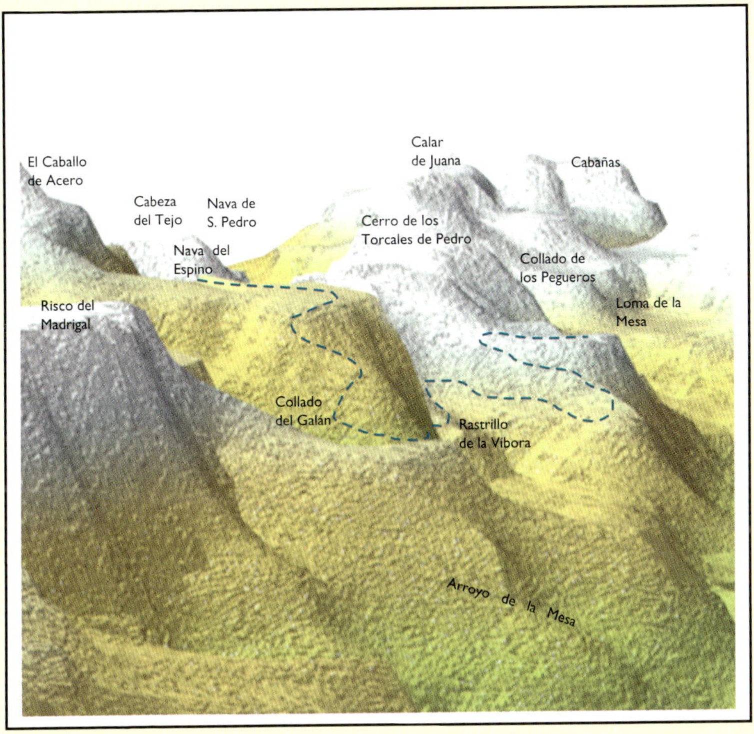

RUTA A PIE.
NAVA DEL ESPINO (1.400 M)–LOMA DE LA MESA (1.650 M)

Antigua **Casa Forestal de la Nava del Espino**, a la cual llegamos desde el Vadillo de Castril en dirección a la Nava de San Pedro. A 5 km se acaba la carretera asfaltada, en la **Casa Forestal de Los Collados**; desde este punto recorreremos 4 km por una pista forestal, y cuando lleguemos al mojón kilométrico 21 veremos a la derecha una antigua Casa Forestal; en este punto dejaremos el vehículo para comenzar la ruta a pie.

250 m.

2 h. Subida a La Mesa.

En verano debemos protegernos la cabeza. También conviene proveerse de agua, pues no hay fuentes en el recorrido. A menos de 1 km por la pista que traíamos en dirección a la Nava de San Pedro, a la izquierda de ésta, existe una copiosa fuente de agua, conocida con el nombre de **Fuente de la Garganta**.

La ruta transcurre por el monte conocido con el nombre de **Navahondona**, encontrandose la misma dentro de los límites de la Reserva Natural, es decir, una de las zonas de mayor protección del Parque. Comenzamos a caminar por la pista que hay junto a la Casa Forestal, que gira a la izquierda conforme entramos de la pista principal, y a pocos metros veremos una desviación a nuestra izquier-

La Mesa.

da que nosotros dejamos y unos pocos metros más arriba comenzaremos suavemente a ascender y veremos una cadena en la pista por la que nosotros caminamos. En esta cota (1.400 m) el pinar está representado por el pino laricio *(Pinus nigra)*, que se mezcla en esta zona con restos del antiguo bosque mediterráneo, como la encina *(Quercus ilex ballota)* y con árboles caducifolios como el quejigo *(Quercus faginea)* y el arce *(Acer granatense)*. En el sotobosque podemos encontrar especies como el heleboro *(Helleboro foetidus)*, la dedalera *(Digitalis obscura)*, el rosal silvestre *(Rosa canina)*, el laureolo *(Daphne laureola)*, el espliego *(Lavandula latifolia)* y la mejorana *(Thymus mastichina)*. Las aves son abundantes en este tipo de bosque; entre ellas encontramos especies como el reyezuelo listado *(Regulus ignicapillus)*, el mito *(Aegithalos caudatus)*, el chochín *(Troglodytes troglodytes)*, el mosquitero común *(Phylloscopus collybita)*, el carbonero común *(Parus major)*, el carbonero garrapinos *(Parus ater)*, el herrerillo común *(Parus caeruleus)*, el herrerillo capuchino *(Parus cristatus)*, el trepador azul *(Sitta europaea)*, el agateador común *(Certhia brachydactyla)*, el piquituerto *(Loxia curvirostra)*, el arrendajo *(Garrulus glandarius)* y la paloma torcaz *(Columba palumbus)*.

Estamos caminando por el Rastrillo de la Víbora, y cuando llevamos unos 15' andando podemos ver, a nuestra izquierda, un roquedo conocido como **Cabeza del Tejo** (1.710 m); junto a la pista abundan las primulas en primavera *(Primula vulgaris)*. Unos 15' más y llegamos a una especie de trinchera, y tras ésta el **Collado Galán**, desde donde descendemos un poco, observando a nuestra derecha una interesante formación rocosa de la que emergen algunos ejemplares de pino laricio. Más tarde nos encontramos con una bifurcación a la izquierda, nosotros seguimos por la pista que llevamos que se encuentra mejor marcada y que asciende suavemente; nos llama la atención la gran cantidad de líquenes que hay sobre las ramas de los pinos y el musgo sobre las rocas, lo que denota la gran humedad del entorno. Desde este punto podemos ver a nuestra izquierda algunas cumbres como el **Cerro de los Torcales de Pedro**, la **Loma del Caballo** y detrás de éste la Sierra de la Cabrilla. Cuando llevamos una hora aproximadamente andando abordamos la **Loma de la Mesa**; nos daremos cuenta de ello porque comenzaremos a llanear por una planicie (meseta), donde abundan grandes ejemplares de pino laricio y debajo de éstos hay enebro rastrero *(Juniperus communis)*, sabina rastrera *(Juniperus sabina)* y piorno azul *(Erinacea anthillys)*. A unos 15' nos encontraremos con un cruce; es importante no equivocarnos en este punto, porque debemos dejar la pista mejor señalada, que es la que traemos, y girar por otra que sale a nuestra derecha menos marcada; nos percataremos porque, de seguir recto, comenzaremos rápidamente a descender hacia los **Tornillos de Gualay**, dejando la Loma de la Mesa. Una vez en la pista correcta, a pocos metros ésta gira bruscamente hacia la derecha; a la izquierda queda una pequeña nava con algunos espinos majuelos *(Crataegus monogyna)*. Podemos desviarnos para asomarnos hasta un puntal, donde existe un gran ejemplar de enebro y contemplar desde aquí, a la izquierda, el **Calar de Juana** (1.841 m), al frente el **Collado de los Pegueros** y por debajo el **arroyo de los Habares**. Continuando por la pista pasaremos cerca de una gran zona rocosa donde abundan los piornos y que queda a nuestra derecha, para después internarnos en el bosque, donde abundan los rebaños de gamos *(Dama dama)* y muflones *(Ovis musimon)*. Transcurridos unos 20' desde el cruce anterior, y siempre siguiendo la pista, llegamos a una zona despejada sin árboles, donde abundan los piornos amarillos *(Echinospartum boissieri)*, el lastón *(Helictrotichon filifolium)* y algunos espinos majuelos *(Crataegus monogyna)*. La pista toma la dirección de la derecha y a 5' llegamos al final de nuestra ruta; lo sabremos por encontrarse en este lugar un antiguo poste de telecomunicaciones y un antigo pluviómetro hoy en desuso. Desde este lugar tenemos unas magníficas vistas de derecha a izquierda de **Los Collados**, la **Cerrada del Utrero**, el **Vadillo**, el **Puente de las Herrerías**, la **Fuente del Oso**, el Parador de Turismo y, por encima de éstos, los cerros de la **Torquilla** y de la **Laguna**, la **Loma de Los Castellones** y el **monte Gilillo** (1.847 m); también podemos tener en días despejados una buena visión de la campiña más allá de la Sierra. Es frecuente observar en estos cortados a la chova piquirroja *(Pyrrhocorax pyrrhocorax)*, el buitre leonado *(Gyps fulvus)* y el vuelo del águila real *(Aquila chrysaetos)*.

Roquedo de alta montaña, con lastón.

Nos encontramos en una de las mesetas más bellas del Parque. Aunque su altura no es excesiva, este hecho favorece que en la misma haya una vegetación especialmente abundante, que en cotas más altas no encontramos. El nombre de Poyos de la Mesa le viene dado por las paredes de piedra (poyos) que rodean a esta meseta y que la hacen prácticamente inaccesible a excepción de unas cuantas entradas a la misma, entre ellas la que nosotros hemos abordado. Destaca en esta ruta su vegetación compuesta por un pinar de pino laricio, especie que encuentra aquí su hábitat idóneo dentro del Parque, al situarnos entre los 1.400 y 1.600 metros de altitud. En las zonas despejadas aparecen los piornos azules y amarillos; también son abundantes los enebros y las sabinas con porte rastrero, como consecuencia de la climatología de esta zona, que, aunque se situe en cotas por debajo de los 1.800 metros, hace que los fuertes vientos, entre otros factores, produzcan en esta meseta la adaptación de ciertas plantas a estas formas arbustivas, como es el caso de enebros y sabinas, para lograr supervivir en este medio a veces hostil. Uno de sus valores faunísticos estriba en la abundancia de aves forestales, como hemos podido ver en el transcurso de la ruta y también de la fácil observación de ungulados, tal es el caso del muflón y del gamo, especies abundantes en esta zona.

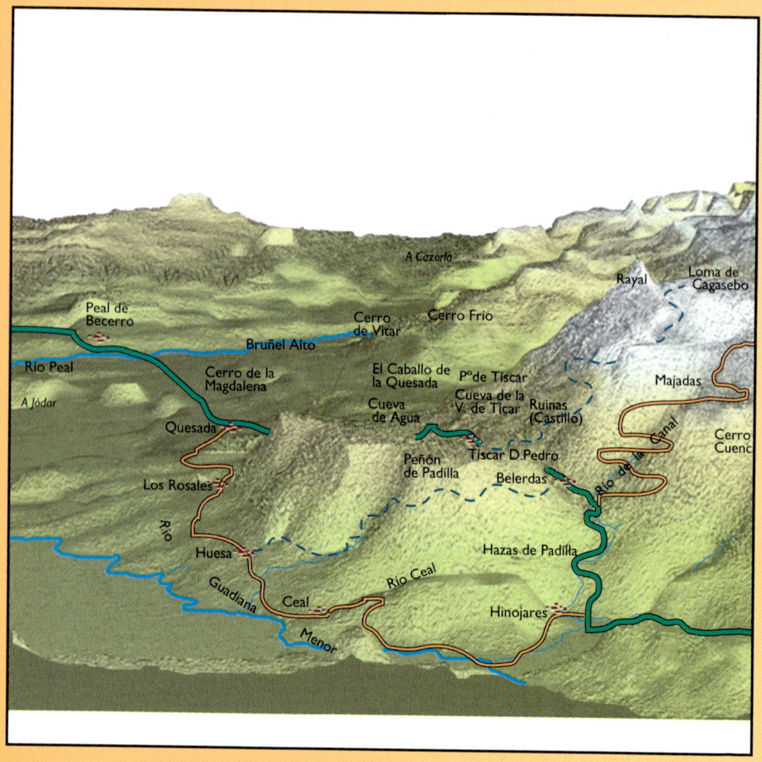

RUTA-2
QUESADA-TISCAR-POZO ALCÓN

GUIA DE SERVICIOS

ALOJAMIENTOS HOTELEROS

Huesa
Hostal El Emigrante
☎ (953) 733448

Pozo Alcón
Hostal Avenida
Avda. de los Dolores, 6
☎ (953) 738424

Hostal Grela
Avda. de la Bolera, 10
☎ (953) 738339

Quesada
Hostal Mari Mer *
Ctra. Quesada-Peal de Becerro.
☎ (953) 733125

CÁMPINGS

Pozo Alcón
Hoyo de los Pinos, La Bolera
450 plazas, 3ª categoría
Ctra. de Castril, km. 8. ☎ (953) 739005

TURISMO RURAL

Pozo Alcón
Hospedería de Montaña el Hornico
Pantano de La Bolera. ☎ (953) 124137

Quesada

Casa rural Los Nogueros.
☎ (953) 734160

Tíscar-Don Pedro

Alojamientos rurales Cueva del Agua
☎ (953) 713560

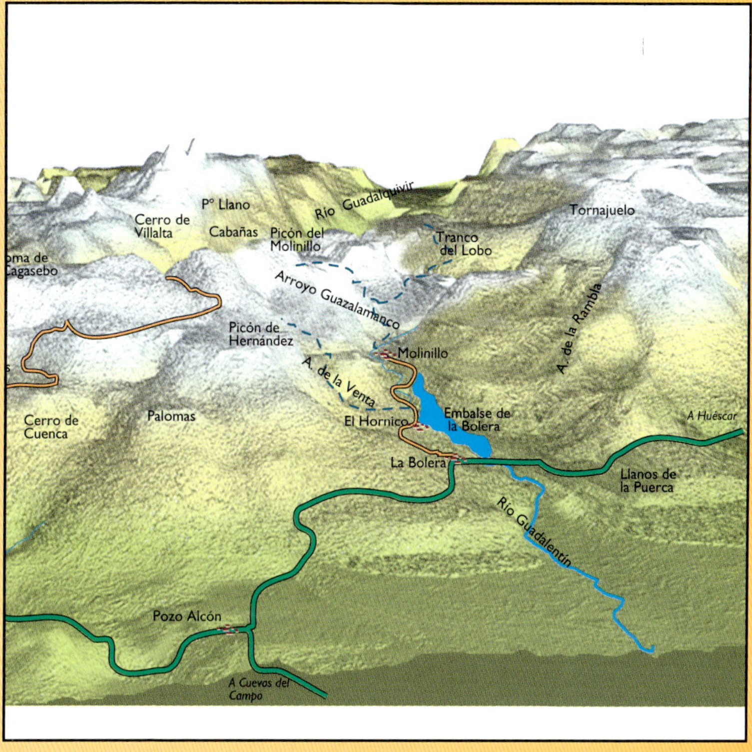

SERVICIOS VARIOS

Pozo Alcón

Ayuntamiento.
☎ (953) 738041

Guardia Civil.
☎ (953) 718352
Servicio Andaluz de Salud

Servicio Andaluz de Salud.
☎ (953) 738309

Jardín Botánico «El Hornico».
Pantano de La Bolera.

Quesada

Ayuntamiento.
☎ (953) 733025

Guardia Civil.
☎ (953) 714144

Consultorio médico.
☎ (953) 734205

Museo de pintura Rafael Zabaleta.
Pza. Coronación, 10.
☎ (953) 714144

RUTA 2. QUESADA–TÍSCAR–POZO ALCÓN

En esta ruta vamos a conocer la parte sur del Parque Natural, se trata de la zona más árida de este espacio natural y la misma transcurre por las estribaciones de la Sierra del Pozo, en el contacto de esta con la depresión del Guadiana Menor. Cuatro poblaciones se encuentran en este recorrido: Quesada, Huesa, Hinojares y Pozo Alcón. La red hidrográfica se establece en torno al río Guadiana Menor, en donde desembocan los cursos de agua que transcurren en su mayoría por angostos y atractivos barrancos como el de la Canal, cercano a Tíscar o el del río Turrillas cerca de Hinojares. Siendo el más importante de los cursos de agua el Guadalentín. Lo que más nos llama la atención de esta ruta, es su vocación de frontera en sentido estricto, frontera en la actualidad del bosque frente a la amenaza del desierto, frontera histórica durante la conquista de Granada entre cristianos y musulmanes. Paisajes propicios para hacerse fuerte ante el enemigo, rodeado por cumbres entre las que se encuentran el Cerro de la Magdalena (1.117 m), el Rayal (1.835), Cerro de Vitar (1.411 m), Palomas (1.721 m) y Majadas (1.181 m). Con puertos perfectamente controlados como el de Tíscar. Un lugar repleto de vestigios de antiguas civilizaciones, que van desde los numerosos hallazgos arqueológicos de arte rupestre que han dejado su impronta en numerosas cuevas y abrigos naturales, así como los restos de poblados ibéricos como el de Ceal, los mosaicos de la villa romana de Bruñel y por último las numerosas fortalezas árabes y cristianas diseminadas por la zona. Lo que evidencia una ocupación del hombre en estos territorios desde los albores de la civilización. Precisamente a la actuación del hombre se debe en cierta medida la transformación de estos paisajes tal como hoy los contemplamos.

VILLA ROMANA DE BRUÑEL

Viniendo de Peal de Becerro, y 3 km antes de llegar a **Quesada**, encontramos un cruce a nuestra izquierda que nos indica la dirección de Cazorla; transcurrido 1,5 km nos desviamos a nuestra izquierda, siempre en dirección a Cazorla. A unos 2 km, cerca de unos cortijos, nos encontraremos con la indicación de **Bruñel**; aquí nos desviaremos de la carretera y a 1 km aproximadamente llegaremos a los restos de la «villa romana de Bruñel», construida durante los siglos III y IV. Destacan en la misma unos interesantes mosaicos, uno con figuras de divinidades y animales, con motivos geométricos y vegetales, y otro en el que predomina la decoración geométrica con una figura humana en el centro. También aquí podemos observar los vestigios de una basílica paleocristiana de finales del siglo IV.

QUESADA

Al pie del **cerro de la Magdalena** se encuentra esta ciudad que mira hacia la sierra, con 6.542 habitantes. En su término municipal nace el río Guadalquivir. La villa fue plaza musulmana, conquistada más tarde por Fernando III, pasando a depender del arzobispo de Toledo, como una población más del Adelantamiento. Resaltan en la ciudad vestigios de su pasado medieval como el Arco de los Santos, restos del recinto fortificado, formado por un arco apuntado de piedra, en el cual podemos observar una estela funeraria romana del siglo II dedicada a la sacerdotisa Caia Rufina. Interesantes también son la iglesia de San Pedro y San Pablo, de finales del siglo XVIII; la iglesia del Hospital de la Concepción, que posee un camarín de estilo barroco; el Arco de la Manquita de Utrera, y el Barrio de la Lonja. Junto a la plaza del Ayuntamiento se encuentra el Museo Zabaleta, que conserva importantes obras de este pintor y de otros artistas amigos suyos. Es conveniente también asomarnos al mirador de Zabaleta, desde el cual podemos observar unas magníficas vistas de la sierra y de la campiña olivarera.

La plaza de este pueblo serrano, con sus centenarios olmos, fue testigo del paso del poeta Antonio Machado en el año 1915, en una excursión que realizó desde Baeza, donde era catedrático de Lengua francesa. Y que, él mismo nos lo recuerda al comentar tras su viaje, la vuelta al sosiego y su equilibrio de espíritu, olvidando recuerdos pasados. El poeta escribe varios versos inspirados en esta excursión, uno dedicado a la Virgen de Tíscar y otro sobre la sierra de Quesada que dice así:

Y en la sierra de Quesada:
«Vivo en pecado mortal:
No te debiera querer:
por eso te quiero más».

Quesada.

Dos aspectos de Quesada. Abajo, la plaza Mayor.

Entre sus fiestas destacan la romería de la Virgen de Tíscar de la que más adelante hablamos, la celebración de San Miguel y la Fiesta de los Cargos o de Dios.

PUERTO Y SANTUARIO DE TÍSCAR

Desde Quesada, y por la carretera comarcal 323, bordeamos el límite sur del Parque por el monte **Cerros del Caballo**, que queda a nuestra derecha, con los picos de **La Magdalena** (1.171 m) y el **Caballo de Quesada** (1.464 m). A nuestra izquierda podemos contemplar toda la cuerda de la cordillera de la Sierra de Cazorla propiamente dicha, donde destacan los picos del **Gilillo** (1.847 m) y el **Cerro del Púlpito** frente a Quesada, y **El Rayal** (1.835 m) frente al Puerto de Tíscar. Hasta este puerto la vegetación está formada principalmente por un encinar *(Quercus ilex ballota)*, que en la actualidad se encuentra alterado por las repoblaciones llevadas a cabo en la zona con pino carrasco *(Pinus halepensis)*; apareciendo a partir de la cota de 1.200 m, el pino laricio *(Pinus nigra)*. Completan la vegetación de esta zona el piorno *(Erinacea anthyllis)*, la aulaga *(Ulex parviflorus)*, la genista *(Genista cinerea)*, el romero *(Rosmarinus officinalis)*, el lastón *(Helictotrichon filifolium)*, el esparto *(Stipa tenacissima)* y los bosquetes de retamas *(Retama sphaerocarpa)*. Esta última constituye una curiosa formación sobre suelos calizos en los alrededores del Puerto de Tíscar, en lugares secos y soleados, y en primavera destaca por el color amarillo de sus flores en forma de mariposa.

A poco más de 8 km nos introducimos en el Parque Natural por el **Puerto de Tíscar** (1.200 m). En este lugar se encuentra la **Fuente de Las Carboneras**, y desde aquí podemos contemplar los restos de la antigua atalaya cilíndrica del infante Don Enrique, que formaba parte del sistema defensivo del reino de Granada, hoy restaurada por la Escuela Taller de Quesada, y al fondo las cumbres de la **Loma del Rayal** (1.835 m). La vegetación hasta Tíscar está constituida por encinas *(Quercus ilex ballota)*, pino carrasco *(Pinus halepensis)*, genista *(Genista cinerea)*, y retama de bolas *(Retama sphaerocarpa)*.

Continuando nuestro recorrido, y transcurridos 4 km llegamos al **Santuario de la Virgen de Tíscar**. Pocos metros antes de llegar a éste nos encontraremos a nuestra derecha con

Castillo de Tíscar.

una zona recreativa en el **arroyo de Vadillos**, y donde se encuentra la **Fuente del Baillo** de aguas cristalinas y caudalosas. Tíscar fue fortaleza musulmana hasta principios del siglo XIV, como lo demuestran los vestigios de su castillo de origen árabe y que dominaba el valle del **río Guadiana Menor** hacia el sur y el Puerto de Tíscar por el norte. Sus ruinas se alzan por encima del Santuario. El Santuario de Tíscar, dedicado a la devoción de la Virgen del mismo nombre, es conocido en toda la comarca por la romería que se celebra el primer domingo de septiembre. Con anterioridad, el primer domingo de mayo la Virgen es trasladada desde el santuario en Tíscar a la población de Quesada, donde estará todo el verano hasta el día de la romería que será conducida en procesión de nuevo a Tíscar. A 500 metros del santuario, por la carretera que conduce a Pozo Alcón, a nuestra derecha encontramos un carril que nos conduce hasta un aparcamiento; desde aquí y a través de una senda llegamos a la **Cueva del Agua**, formación geológica por donde discurren las aguas del **río Tíscar**, formando una bella cascada y donde cuenta la leyenda que se apareció la Virgen. También este lugar quedó en la memoria del poeta Antonio Machado, que escribió unos versos dedicados a la Virgen, y que como recuerdo se encuentran escritos sobre una piedra frente al Santuario de Tíscar y que nos hablan de la sierra de Quesada, de sus barrancos y puertos, y de las águilas que allí habitan.

Muy cerca de Tíscar se encuentran las poblaciones de **Belerdas** y **Don Pedro**, dos aldeas diseminadas al pie de la sierra entre olivos y huertas, que aún conservan buena parte de su entramado urbano característico en este tipo de aldeas serranas. Las aldeas de Belerda Alta y Belerda Baja se encuentran al final del cerro conocido como el Caballo de Quesada, destacan en estas aldeas un antiguo molino de harina, que era accionado por el agua del río Tíscar y un lavadero público. Sus pobladores más antiguos vivían en las cuevas que

Cueva del Agua. Tíscar.

hay junto a estas aldeas, hoy utilizadas como apriscos para guardar el ganado.

Pasado el Santuario de Tíscar, el paisaje que queda a nuestra derecha esta constituido por el límite sur del Parque. Son en realidad las últimas estribaciones de la Sierra del Pozo, es decir, la zona de contacto con la depresión del Guadiana Menor. Lo que más nos llama la atención de este paisaje es el contraste entre los bosques del Parque a nuestra izquierda y los montes desérticos de nuestra derecha, donde son mucho más abundantes plantas adaptadas a la sequía como el esparto *(Stipa tenacissima)*, el romero *(Rosmarinus officinalis)*, el enebro *(Juniperus communis)*, el lentisco *(Pistacia lentiscus)*, la coscoja *(Quercus coccifera)* y algunas sabinas *(Juniperus sabina)* dispersas. El pinar esta representado por el pino carrasco *(Pinus halepensis)*. Entre la fauna que podemos observar destacan el grupo de las rapaces, dado que la misma transcurre en la zona de contacto de la sierra con la campiña, lugar idóneo para la obervación de ciertas rapaces que utilizan esta zona como atalaya de observación y capturadero de presas por lo despejado del terreno. Entre todas ellas sobresalen la presencia del halcón común o peregrino *(Falco peregrinus)*, el mayor de nuestros halcones, el cual utiliza el vuelo en picado para capturar palomas y córvidos, alcanzando hasta 400 km/h en sus vuelos de caza. También podemos observar dos especies de buitres: el alimoche *(Neophron percnopterus)*, de color blanco y amarillo, especie que cría en el Parque durante la primavera y migra hacia tierras africanas a finales del verano, y el buitre leonado *(Gyps fulvus)* que surca los cielos en busca de cadáveres de animales procedente de sus cercanas colonias de cría. También en los cortados que rodean el Santuario de Tíscar podemos observar los alborotadores bandos de un bello córvido como es la chova piquirroja *(Pyrrhocorax pyrrhocorax)*, que comparte hábitat con el vencejo real *(Apus melba)* y el avión roquero *(Hirundo rupestris)*.

Castillo de Tíscar y Don Pedro.

DEPRESIÓN DEL GUADIANA MENOR

Desde Tíscar comenzamos a descender hasta Pozo Alcón, a 4 km cruzamos el **río de la Canal**, que forma un bello y agreste barranco. Más adelante a nuestra derecha se encuentra la depresión del río Guadiana Menor, se trata de la puerta del desierto, una de las zonas más desérticas de la provincia de Jaén, consecuencia del intenso pastoreo realizado a través de los tiempos sobre suelos muy pobres y con plantas adaptadas a la falta de precipitaciones como el esparto *(Stipa tenacissima)* y la alcaparra *(Capparis spinosa)*. A nuestra izquierda la naturaleza trata de frenar el avance del desierto por la vegetación de las montañas como el **Cerro de Cuenca** (1.547 m). Esta vegetación es fruto de las repoblaciones llevadas a cabo en la zona, principalmente de pino carrasco *(Pinus halepensis)*, donde abundan plantas arbustivas indicadoras de suelos pobres como el romero *(Rosmarinus officinalis)*.

Desde Tíscar hay unos 7 km hasta un cruce que queda a nuestra izquierda, desde donde podemos coger una pista forestal que atravesando la Sierra del Pozo nos llevará hasta el nacimiento del río Guadalquivir, y la cual pasa al pie del pico de Cabañas (2.028 m), en el lugar conocido como Puerto Llano (Ruta 1). Unos 6 km más abajo atravesamos un puente sobre el **río Turrillas**, que forma en este lugar un profundo barranco, abundando en sus orillas la adelfa *(Nerium oleander)* y el chopo *(Populus nigra)*.

Halcón común.

RAFAEL ZABALETA, EL PINTOR DE QUESADA

Rafael Zabaleta nació en Quesada en el año 1907 y murió en 1960 en su ciudad natal. Cursó sus estudios en la Escuela de Bellas Artes de Madrid y después de recorrer varias ciudades, entre las que se encontraba París, regresó a Quesada, donde puso su estudio. En este lugar fue donde realizó la mayor parte de sus creaciones artísticas, basadas en los personajes del mundo rural, de los serranos que le rodeaban y con los que convivía, realizando en sus lienzos las secuencias de la vida de sus paisanos, lejos de los focos culturales del momento y viajando en escasas ocasiones para poner al día sus conocimientos artísticos. Influenciado al principio por Picasso y el cubismo, a finales de los años treinta inicia una etapa de verdadera creatividad plasmada en los dibujos «Los sueños de Quesada». En la década de los cuarenta entra en la búsqueda de un estilo propio, pero es en los años cincuenta cuando surge su etapa más rica y próspera, donde destacan los colores de sus lienzos. Sobresaliendo en sus pinturas rasgos como son la sencillez, la geometría de sus figuras y la aplicación del color sin mezclar. Cuando muere Zabaleta, el Ayuntamiento de Quesada creó el museo que lleva su nombre, con los fondos donados por los herederos del pintor. En la actualidad el museo no reúne las condiciones que las obras se merecen, y por este motivo se va a proceder a la construcción de un nuevo museo, que albergue en mejores condiciones las obras de este pintor universal, que además fue un hombre sencillo, como sus paisanos reconocen, y que permaneció siempre vinculado a su Quesada natal.

Autorretrato de Rafael Zabaleta.

POZO ALCÓN

Continuando por la carretera, y transcurridos 5 km, llegamos a la ciudad de **Pozo Alcón**. Esta población, que cuenta con 6.000 habitantes, toma su nombre de la leyenda que narra como un toro de nombre Alcón, escarbando en la tierra dio con un pozo de agua. La ciudad dependió de Quesada hasta el año 1648 en que compró su independencia, y Felipe IV le otorgó el título de villa. Su término limita con la vecina provincia de Granada y la ciudad se encuentra a menos de 3 km de dicha provincia.

En esta población destaca su artesanía del esparto, celebra fiestas en honor de Santa Ana del 25 al 30 de julio y la romería de la Cruz de San Gregorio, en la que existe la tradición de besar una piedra que la leyenda dice que cayó de una nube.

EL EMBALSE DE LA BOLERA SUS ALREDEDORES

De Pozo Alcón a la presa del Embalse de La Bolera hay 8 km que se realizan por una carretera prácticamente recta, hecho extraño por estos parajes. El **Embalse de La Bolera** es el segundo en capacidad del Parque, con 56 millones de metros cúbicos y una superficie de 274 hectáreas, formado por el remanso de las aguas del **río Guadalentín** que nace al pie de la Sierra de la Cabrilla. A este embalse tributan sus aguas también los arroyos de **Guazalamanco, La Venta** y del **Vidrio** por su margen derecha y los **arroyos de las Ramblas** y de **Los Almizeranes** por la izquierda. Desde las proximidades de la presa de este embalse, y tras su orilla derecha, se yerguen majestuosos los picos más sobresalientes de la Sierra del Pozo, como son el **Cabañas** (2.028 m), **Palomas** (1.721 m.) y, más cercanos a nosotros, el **Picón del Molinillo**, el **Picón de Hernández** (del que un conocido dicho popular dice «andes por donde andes el Picón de Hernández») y el **Tranco del Lobo**.

Unos 500 metros antes de llegar a la presa, en el lugar conocido como Hoyo de los Pinos, donde existe un área recreativa y un camping, podemos tomar una pista forestal que sale a nuestra izquierda y, transcurridos 2 km, tomar una desviación también a nuestra izquierda que nos conduce hasta el **Hornico** situado en el arroyo del Vidrio, y en donde se encuentra un interesante Jardín Botánico dependiente de la Consejería de Medio Ambiente y una hospedería de montaña. Continuando por la pista que traíamos, a unos 5 km, encontramos otra desviación a nuestra izquierda que nos conduce al arroyo de Guazalamanco, se trata de un interesante arroyo de montaña que merece la pena ser visitado. De vuelta a la pista y después de atravesar un puente sobre el río Guazalamanco a unos 400 metros llegamos a la antigua casa Forestal del Molinillo. Desde este punto podemos realizar la excursión a pie del **Puntal de Ana María**.

«Segadores», de Rafael Zabaleta.

DE REGRESO A QUESADA POR HINOJARES Y HUESA

Nuestro regreso a Quesada podemos realizarlo en lugar de por Tíscar, por Hinojares y Huesa, para lo cual a 6 km de Pozo Alcón en dirección Quesada nos encontramos, a nuestra izquier-

Embalse de la Bolera.

da, con un cruce que nos conduce, tras recorrer 1 km, a la población de **Hinojares** con 611 habitantes y atravesada por el **río Turrillas**. Posee una iglesia parroquial con un retablo con pinturas renacentistas de reciente restauración y una pila bautismal de mármol. También destacan en esta población sus cuevas convertidas en casas y habitadas en la actualidad como ocurre en algunos pueblos de la vecina provinca de Granada.

Celebra las fiestas de la Candelaria el 2 de febrero y la Feria del Cristo del Perdón en agosto. Son también tradicionales las representaciones escénicas en Semana Santa.

A 1 km de Hinojares, a nuestra izquierda, encontramos un carril que nos llevará hasta unas salinas aún en producción. Conforme avanzamos hacia Ceal atravesamos un paisaje de cárcavas margosas. Tenemos unas magníficas vistas a nuestra derecha de Tíscar y a la izquierda de la depresión del Guadiana Menor, donde abunda el esparto *(Stipa tenacissima)* y las nuevas plantaciones de almendros.

A 8 km de Hinojares descendemos hasta el Guadiana Menor, cerca de este se encuentra la población de Ceal, que es atravesada por el **río Ceal**, no lejos de este lugar se encuentra un importante yacimiento ibérico conocido con el nombre de **Castellones de Ceal**. Desde Ceal, continuamos hacia Huesa, esta vez bordeando el Guadiana Menor, que queda a nuestra izquierda y a nuestra derecha el límite del Parque Natural. En la cuenca del río abundan las huertas y los olivares como si de un oasis en medio del desierto se tratara, este contraste entre la sequedad de los alrededores y las zonas próximas al río nos llama poderosamente la atención. A 7 km de Ceal a nuestra izquierda queda una formación geológica de interés, son los **Picos del Guadiana**, aunque se encuentran fuera del Parque, estos han sido propuestos como Monumento Natural. Se trata de una formación geológica con extraños picos fantasmagóricos, que emergen sobre las vegas del Guadiana Menor y que nos ofrece un fuerte contraste con su entorno.

Huesa se encuentra 5 km más arriba, y frente a esta población en la vertiente del **arroyo de las Cerradillas**, destaca una formación rocosa que for-

Piragüismo en la Bolera.

ma parte del Cerro del Caballo, conocida como el **Rincón de Huesa**, destacando en el mismo la denominada «calle de los moros», símbolo de su pasado musulmán. Con sus 2.750 habitantes, Huesa tiene una larga tradición en la artesanía del esparto. Destacan en esta población que dependió de Quesada hasta el año 1848, su iglesia del siglo XVIII en la que podemos observar un altar gótico.

Son conocidas sus fiestas en honor de la Virgen de la Cabeza en abril y en septiembre, así como las de San Silvestre con castillos que se queman esa noche.

Desde Huesa y tras recorrer 12 km bordeando el Cerro del Caballo por su vertiente oeste, y después de pasar por la aldea de **Los Rosales** llegamos de nuevo a Quesada. Próximos a esta población podemos contemplar unas expléndidas vistas de la campiña de Jaén, abarcando nuestra vista numerosos pueblos de la misma entre los campos de olivares.

El paisaje transformado.

LA TRANSFORMACIÓN DEL PAISAJE, DEL BOSQUE AL DESIERTO

Una célebre frase de Chateaubriand dice: «los bosques preceden a los hombres y los desiertos les siguen». Esto ha sucedido en la fracción sur del Parque, donde el hombre ha transformado el paisaje y la naturaleza con las lluvias y los vientos ha hecho el resto. Nos encontramos ante uno de los más graves problemas ambientales de esta zona del Parque, motivado por el acelerado proceso de desertificación en estas zonas semiáridas que ha acabado con la vegetación natural de las mismas, como consecuencia de la ganadería, los incendios y la agricultura. Los medios usados para frenar la invasión del desierto han sido las repoblaciones con pino carrasco, que no han dado el resultado esperado para frenar el avance del mismo. Las formas botánicas de estos enclaves están constituidas en su mayor parte por el esparto, que ocupa grandes extensiones. La fauna y la flora es pobre, por la falta de agua (los invertebrados son los que más resisten los requerimientos que la aridez impone). El hombre se bate en retirada, despoblando muchos enclaves habitados desde el Neolítico. El poeta Antonio Machado nos describía esta terrible situación en una de sus poesías:

El hombre de estos campos
[que incendia los pinares
y su despojo aguarda como botín
[de guerra,
antaño hubo raído los negros
[encinares,
talado los robustos robledos
[de la sierra.
Hoy ve a sus pobres hijos huyendo
[de sus lares;
la tempestad llevarse los limos
[de la tierra
por los sagrados ríos hacia
[los anchos mares;
y en páramos malditos trabaja,
[sufre y yerra.

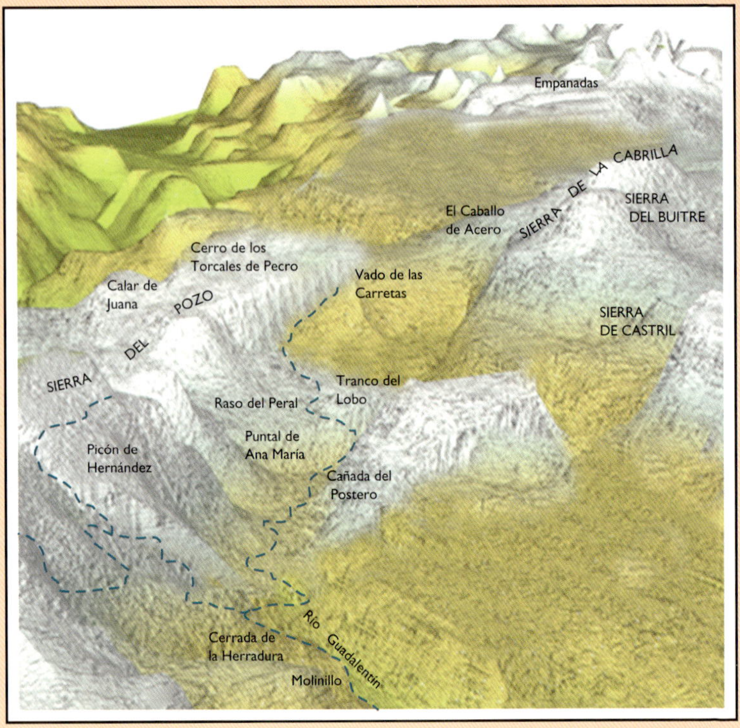

RUTA A PIE. EL MOLINILLO (1.000 M)-PUNTAL DE ANA MARIA (1.250)- RASO DEL PERAL (1.300)

Final de la pista forestal, que sale pocos metros antes del embalse de La Bolera en dirección al Hornico y Guazalamanco. En este punto dejamos el coche junto a la antigua casa Forestal del Molinillo.

250 metros

2 h (Hasta el Raso del Peral)

Es preferible hacer el recorrido en épocas que no haga mucho calor, o bien realizarlo durante las primeras horas de la mañana. Ir provistos de agua, pues las fuentes que antaño existían se encuentran perdidas al despoblarse la zona.

Comenzamos a caminar por la pista que hay a la derecha de la casa Forestal del Molinillo, y a unos 100 metros existe una bifurcación; nosotros seguimos por la pista de la derecha. Al poco tiempo a nuestra derecha, veremos la cola del embalse de La Bolera. Bajo sus aguas se encuentra un antiguo molino que aprovechaba las aguas del río Guadalentín como fuente de energía. Enseguida llegamos a la **Cerrada de la Herradura** sobre el río Guadalentín, que atravesamos por un puente. En la misma podemos observar en la pared de la umbría una exhuberante población de helechos, mientras que en la que mira a la solana está desprovista de vegetación. Continuamos nuestra ruta ascendiendo a través de una senda que atraviesa unos antiguos bancales, antaño cultivados por el hombre, y llegamos hasta un pinar de repoblación de pino carrasco *(Pinus halepensis)*, entre el que sobresalen algunos grandes ejemplares de encinas *(Quercus ilex ballota)*. En el sotobosque abunda el enebro *(Juniperus communis)*, el romero *(Rosmarinus officinalis)* y la coscoja *(Quercus coccifera)*. Son abundantes los restos de piñas trabajadas por las ardillas y los revolcaderos del jabalí.

Cuando llevamos unos 30' de camino, comenzamos a ver el pino negral o resinero *(Pinus pinaster)*, propio de altitudes medias, desapareciendo el pino carrasco propio de latitudes más bajas. También aparecen algunos ejemplares aislados de grandes proporciones de pino laricio o salgareño *(Pinus nigra)*. A medida que ascendemos el **barranco del Guadalentín**, que queda a nuestra izquierda se va haciendo más profundo. Llegamos a una pequeña nava donde existen las ruinas de una antigua cortijada y alrededor de ella encontramos algunos chopos y árboles frutales como almendros, olivos y nogales. Antes de proseguir nuestro camino hacia el Puntal de Ana María, realizamos una parada en este lugar, para acercarnos con cuidado al voladero que queda a nuestra izquierda; desde allí podemos contemplar el barranco del Guadalentín. De regreso al camino que traíamos, continuamos ascendiendo ahora por un bosque de pino laricio *(Pinus nigra)* de repoblación, que sustituye al pino negral *(Pinus pinaster)*.

Después de 1 h 30' desde el inicio de la excursión, llegamos a la antigua casa forestal del **Puntal de Ana María**, hoy en ruinas, que queda sobre una loma a nuestra derecha. En sus aledaños, aún podemos observar los restos de la fuente, las huertas y, como testigos de su pasado, grandes ejemplares de quejigos y encinas. Desde aquí hay una senda que nos conduce hasta unas antiguas ruinas, que divisamos más arriba,

La cola del Guadalentín.

justo encima del Puntal de Ana María. Una vez en ellas nos acercaremos hasta el voladero para realizar una parada y observar el barranco del Guadalentín. El **Calar de Juana** (1.841 m) y **Las Acebadillas** quedan enfrente nuestra (al oeste), y a la izquierda de éste, siguiendo la cuerda que forman las montañas, se encuentra el **Cabañas** (2.036 m), sobre el cual con unos prismáticos podemos observar el refugio de vigilancia de incendios y el vértice geodésico. A nuestra derecha, mucho más cerca, podemos contemplar el **Rincón de la Ceniza**, unas calizas anaranjadas y, por encima de estas, el **Collado del Serbal**. A poca distancia, aguas arriba, se encuentra la desembocadura del **arroyo de los Tornillos de Gualay**. Al este, por encima de la antigua casa forestal, podemos observar una formación rocosa conocida como **Cañada del Postero** y **Tranco del Lobo** y, al sur, las vegas de Pozo Alcón, la cola del embalse de la Bolera, el Picón de Hernández y, tras la Depresión de Guadix-Baza, en la lejanía Sierra Nevada.

Regresamos de nuevo a la pista, y a pocos metros nos encontramos, a nuestra derecha, las ruinas de lo que fue el **Cortijo del Raso del Peral**. Desde este punto comienza un pequeño descenso. A nuestra derecha podemos observar una dehesa de montaña de encinas –algunas de gran tamaño– y, por encima de la misma, los paredones rocosos de

Puntal de Ana María.

la Cañada del Postero y del Tranco del Lobo. A nuestra izquierda transcurren los puntales que dan al barranco del Guadalentín. Desde aquí podemos contemplar, al fondo, la pista forestal que desde las Navas de San Pedro se inserta en los Campos de Hernán Perea. Nuestra excursión acaba en este lugar. De continuar por la pista, pasaremos por los cortijos de **La Canalilla, Poyo Trivaldo** y frente a la **Cerrada de la Canaliega**, para llegar hasta el **Vado de las Carretas**, distante del Raso del Peral unos 45'. En ese lugar se vadea el río Guadalentín cuando no baja con mucha agua, y desde allí se sube hasta la pista de las Navas de San Pedro.

Esta ruta nos permite conocer las tres especies de pinos que se aclimatan en el Parque. El pino carrasco que aparece al principio de la excursión es propio de las zonas más bajas; después, conforme ascendemos, aparece el pino negral, característico de las zonas medias, y por último el pino laricio, propio de las zonas altas. Aunque durante esta ruta la mayor parte de los pinos son fruto de las repoblaciones, podemos contemplar algunos ejemplares autóctonos de gran tamaño de pino laricio. Los grandes ejemplares de encinas nos demuestran la importancia que los encinares sobre suelos calizos tenían en estas cotas, antes de las repoblaciones llevadas a cabo. La actividad humana queda patente durante todo nuestro recorrido, reflejada en los vestigios de cortijos y en los rodales arrancados al monte para obtener los productos básicos de la huerta para el autoconsumo. Entre la fauna destacan las ardillas, que encuentran en el pinar y en las nogueras, hoy abandonadas, su fuente alimenticia. En el bosque de coníferas abundan también pequeñas aves como herrerillos, carboneros y mitos, y nos sorprende en el silencio del bosque el estridente grito del arrendajo, un córvido que frecuenta estos bosques. En el cielo podemos ver la silueta de los buitres leonados, que prospectan el terreno en busca de alimento, procedentes de sus cercanas colonias de cría, así como el águila calzada que nidifica en estos bosques. En los cortados del Puntal de Ana María vuelan los bandos de chovas piquirrojas. Entre los mamíferos podemos observar las huellas que el jabalí deja en el suelo tras remover la tierra en busca de tubérculos; también podemos encontrarnos con algún ciervo en su camino hacia el Guadalentín, en busca de agua. En las aguas cristalinas del Guadalentín, que nace al pie de la Sierra de la Cabrilla, habita la trucha común. Este recorrido nos permite observar una panorámica del conjunto de la Sierra del Pozo con sus vértices más emblemáticos, Cabañas (2.028 m) y el Calar de Juana (1.841 m), así como el barranco que forma el río Guadalentín, que modela un valle cerrado entre la parte oriental y la occidental de la Sierra del Pozo.

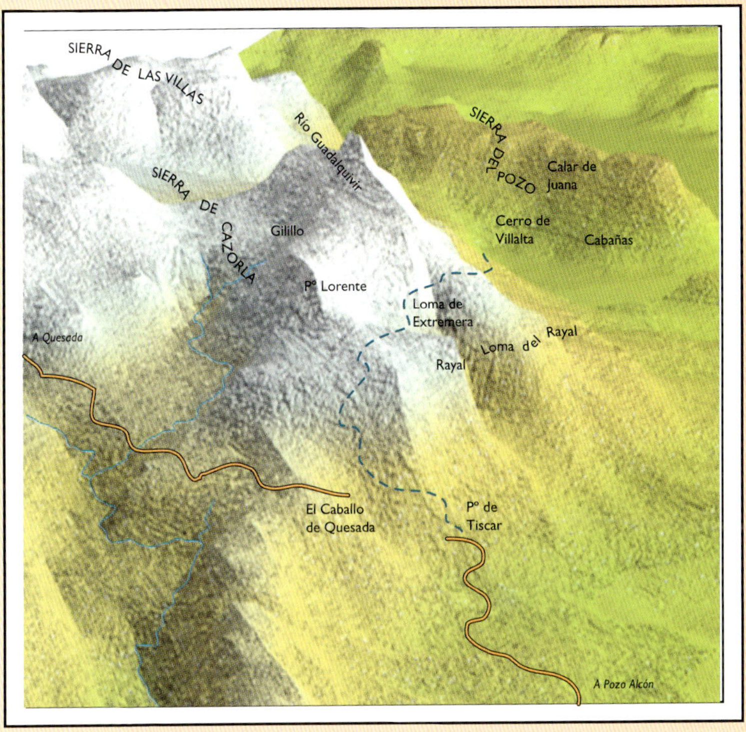

RUTA A PIE. PUERTO DE TÍSCAR (1.189 M)–NACIMIENTO ARROYO DE EXTREMERA (1.500 m)

Viniendo de Quesada, al bajar el Puerto de Tíscar, a algo más de 500 metros, tomamos una pista que encontramos a la izquierda y recorremos los 2 km primeros de ésta por un paisaje despejado, hasta llegar a una cadena que impide el paso de vehículos. En este punto dejamos el coche.

311 metros

1,5 horas (Ida)

El recorrido se puede realizar en cualquier época del año, transcurriendo éste por una pista forestal, lo que hace fácil su realización. Podemos abastecernos de agua en la **fuente de las Carboneras** que hay en el Puerto de Tíscar, aunque en la ruta vamos a encontrar agua en el nacimiento del arroyo de Extremera.

Comenzamos a caminar por la pista a partir de la cadena donde hemos dejado el vehículo. Desde aquí podemos ver la ciudad de Quesada y el Puerto de Tíscar. A la izquierda de la pista destaca una gran pendiente donde escasea la vegetación: se trata de un canchal de piedras formado por la erosión de la caliza debido, entre otros factores, al agua y a la amplitud térmica que hace que las heladas nocturnas y el calor de las horas de mayor insolación descompongan la roca. A pocos metros del punto de partida, sobre las rocas de la margen derecha de la pista, podemos contemplar unas matas espinosas propias de la alta montaña, conocidas

Los Carasolillos de La Bujea.

como piornos azules o asiento de pastor *(Erinacea athyllis)*. Conforme avanzamos, el bosque de pino laricio se va haciendo más cerrado, y aparecen junto a este las encinas *(Quercus ilex ballota)*, los quejigos *(Quercus faginea)* y los arces *(Acer granatense)*. En el sotobosque encontramos abundante boj *(Buxus sempervirens)* y, bajo los pinos, el enebro *(Juniperus communis)*, la sabina mora *(Juniperus phoecinea)* el espino majuelo *(Crataegus monogyna)* y la laurelola *(Daphne laureola)*. En las cunetas, y debido a la degradación del monte en esas zonas, aparecen algunas plantas medicinales y arómaticas como el espliego *(Lavandula latifolia)*, la mejorana *(Thymus mastichina)* y el romero *(Rosmarinus officinalis)*. En esta zona es frecuente, a primeras horas de la mañana cuando el sol ya ha calentado la atmósfera, ver al buitre leonado *(Gyps fulvus)*, que abandona sus dormideros aprovechando las corrientes térmicas. Es éste un lugar de abundante fauna, y en nuestro recorrido podemos observar algunos revolcaderos de jabalí *(Sus scrofa)*, comederos de piñas trabajas por las ardillas *(Sciurus vulgaris segurae)* y, en los troncos de los pinos secos, los agujeros que realizan en éstos los pájaros carpinteros como el pico picapinos *(Dendrocopos major)*.

La montaña que queda a nuestra derecha, formada por un gran paredón calizo, es la **Loma del Rayal** y por encima de ésta **El Rayal** (1.835 m). A una hora aproximadamente desde el punto de partida llegamos al **arroyo de Extremera** que cruza la pista. En este lugar abundan los quejigos entre el bosque de pinos laricio, estando el arroyo bordeado por matas de boj. Al nacimiento que surge al pie de unas rocas que divisamos desde este lugar, podemos llegar siguiendo el curso del arroyo aguas arriba. Este se encuentra a unos 150 metros, y cerca de él abundan los arces. Después de visitar el nacimiento seguimos la pista, que empieza a descender suavemente, observando a nuestra izquierda el barranco que el arroyo forma al salvar un gran desnivel. Transcurridos unos 15' llegamos al final de la pista, donde ésta forma una especie de plaza en el lugar conocido como los **Carasolillos de la Bujea**. Desde aquí damos vistas al barranco, en un puntal que podemos localizar por encontrarse en él dos mojones de piedra que indican la divisoria de montes. Veremos el barranco que forma el arroyo, denominado **Cerrada de Extremera**, y al frente, en dirección oeste tras los olivares, los **cerros de Vitar** (1.411 m) y de la **Magdalena** (1.171 m); a nuestra espalda, en dirección este, quedan el **cerro de Villalta** (1900 m), la **Nava Alta del Espino** (1.800 m) y el **Rayal** (1.835 m). Aquí termina nuestra ruta. Si queremos podemos subir por un antiguo jorro de saca de madera, que podemos ver al terminar la pista, e internarnos en el bosque de pinos laricios. Antes de comenzar el jorro, en un repecho que hay junto al final de la pista, podemos contemplar un enorme ejemplar de pino laricio, con una cicatriz producida por un rayo, en la que los pájaros carpinteros han instalado sus nidos. Desde este punto regresamos sobre nuestros pasos.

La ruta transcurre por el **monte Poyo de Santo Domingo** y en la misma podemos ver las estribaciones de la Loma del Rayal y del Cerro Villalta por su cara oeste y, en la cara este, tras las crestas que nosotros vemos, se encuentra la Cañada de las Fuentes, lugar donde nace el río Guadalquivir. También tenemos una buena visión del barranco de Extremera y de la campiña de Quesada salpicada de olivos. La ruta transcurre por un bosque de pino laricio –pino autóctono de la sierra–, encontrándose en este lugar bien desarrollado, con pinos impresionantes donde destacan sus esbeltos mástiles de corteza plateada, característicos de este tipo de pinos, al que acompañan un cortejo de plantas no menos importantes, como son los enebros, las sabinas, los espinos, las laureolas, etc. Este bosque de pinos ocupa una gran extensión dentro del Parque, tanto de forma natural como por la introducción del mismo con fines madereros. Entre la fauna destaca la abundancia de pequeñas aves forestales que aquí habitan como herrerillos, carboneros, mitos, etc., encontrándose durante la ruta algunas cajas anidaderas para facilitar la nidificación de aquellas. La abundancia de frutos es también importante para otras aves como el mirlo común y el pinzón vulgar. Los buitres son fácilmente observables en el cielo durante toda la ruta, así como el cernícalo común. Entre los mamíferos, las ardillas son abundantes y la cabra montés es también frecuente en los roquedos.

Lirón careto.

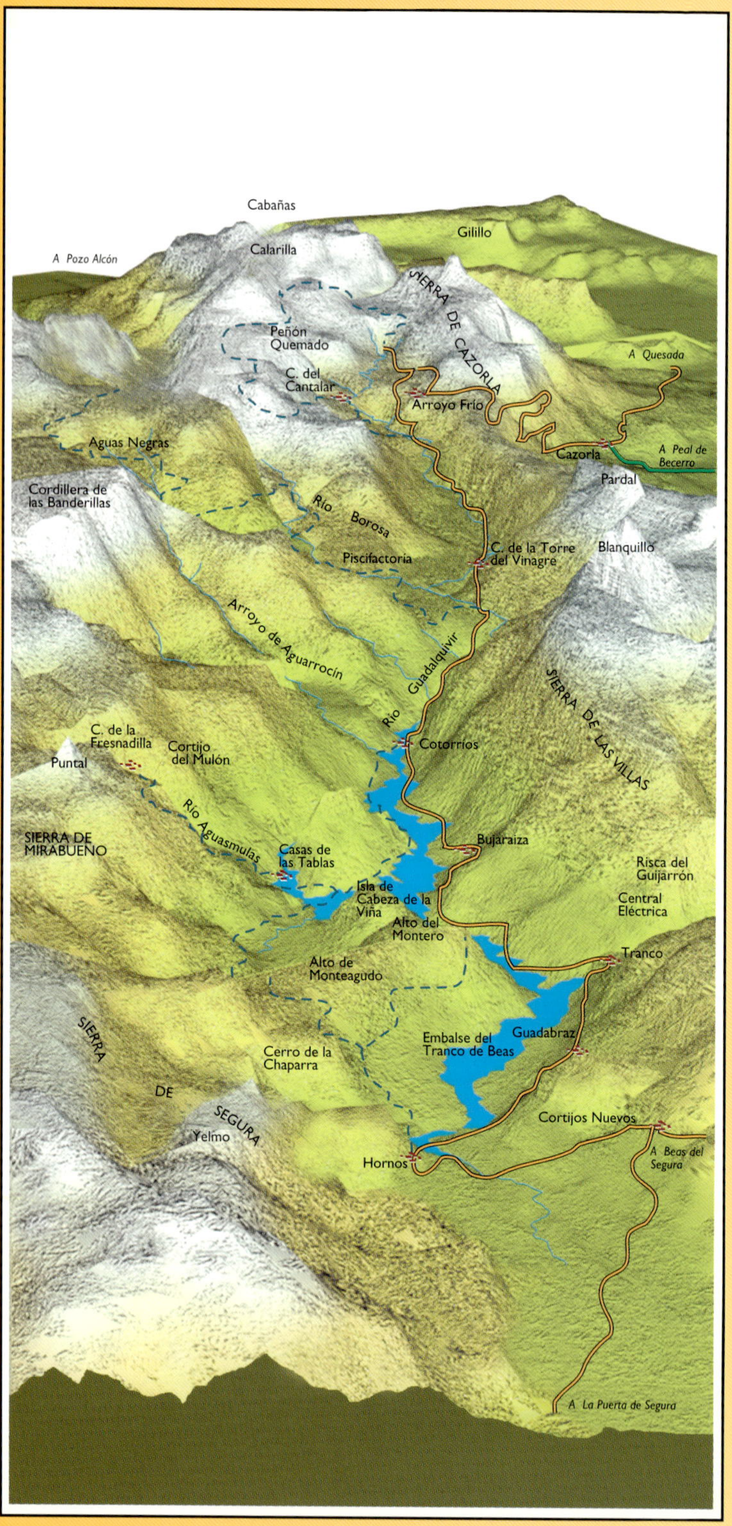
Cabañas
Gilillo
A Pozo Alcón
Calarilla
SIERRA DE CAZORLA
Peñón Quemado
C. del Cantalar
A Quesada
Arroyo Frío
Aguas Negras
Cazorla
A Peal de Becerro
Pardal
Cordillera de las Banderillas
Río Borosa
C. de la Torre del Vinagre
Blanquillo
Piscifactoría
Arroyo de Aguarrocín
Río Guadalquivir
SIERRA DE LAS VILLAS
C. de la Fresnadilla
Cortijo del Mulón
Cotorríos
Puntal
Río Aguasmulas
SIERRA DE MIRABUENO
Bujaraiza
Casas de las Tablas
Risca del Guijarrón
Isla de Cabeza de la Viña
Central Eléctrica
Alto del Montero
Tranco
Alto de Monteagudo
Embalse del Tranco de Beas
Guadabraz
Cerro de la Chaparra
SIERRA DE SEGURA
Cortijos Nuevos
Yelmo
A Beas del Segura
Hornos
A La Puerta de Segura

RUTA-3

EMPALME DEL VALLE-TORRE DEL VINAGRE-COTO RIOS-EMBALSE DEL TRANCO

ALOJAMIENTOS HOTELEROS

Pedanía de Arroyo Frío (La Iruela)

Hotel-Apartamentos Los Enebros ***
Ctra. del Tranco, km. 7.
☎ (953) 727110
Hotel Montaña **
Ctra. del Tranco, km. 7.
☎ (953) 727011
Hotel-Apartamentos Cazorla Valle **
Ctra. del Tranco, km.7.
☎ (953) 727100
Apartamentos El Parral *
Ctra. del Tranco, km. 7.
☎ (953) 727019
Apartamentos Sevilla *
☎ (953) 721072
Casas Rurales Martín
☎ (953) 727106
Hotel Río **
Ctra. del Tranco, km. 8.
☎ (953) 713033

Pedanía de Las Ericas (Santo Tomé)

Hotel Noguera de la Sierpe ***
Ctra. del Tranco, km. 13.
☎ (953) 713021

Pedanía de Coto Ríos (Santiago de la Espada-Pontones)

Hotel-Apartamentos Monte de Piedra
Ctra. del Tranco, km. 12.
☎ (953) 713145
Hotel de Montaña La Hortizuela **
Ctra. del Tranco, km. 18,5.
☎ (953) 713150
Hotel San Fernando ***
Ctra. del Tranco, km. 20.
☎ (953) 713045
Hotel Mirasierra **
Ctra. del Tranco, km. 20. ☎ (953) 713044
Apartahotel El Pinar *
Ctra. del Tranco, km. 20.
☎ (953) 713068
Hostal Casa Máximo *
Ctra. del Tranco, km. 22 (Coto Ríos).
☎ (953) 713110
Hostal La Golondrina **
Ctra. del Tranco, km. 22. ☎ (953) 713120
Hotel Paraiso Bujaraiza *
Ctra. del Tranco, km. 35. ☎ (953) 124114
Apartamentos El Hoyazo
Ctra. del Tranco, km. 26. ☎ (953) 713106

Pedanía del Tranco (Hornos de Segura)

Pensión El Tranco
Presa del Tranco. ☎ (953) 126200
Hospedería Las Cañadillas
Presa del Tranco. ☎ (953) 128142

CÁMPINGS

Arroyo Frío

Los Enebros. 2ª categoría, 360 plazas
Ctra. del Tranco, km. 7. ☎ (953) 727110

Coto Ríos

Chopera de las Arenas
3ª categoría, 450 plazas
Ctra. del Tranco, km. 21. ☎ (953) 713005
Llanos de Arance. 3ª cat., 500 plazas
Ctra. del Tranco, km. 23. ☎ (953) 713139
Fuente de La Pascuala.
3ª categoría, 550 plazas
Ctra. del Tranco, km. 24. ☎ (953) 713028

Embalse del Tranco

Montillana. 3ª categoría, 406 plazas
Ctra. del Tranco a Hornos de Segura, km. 8.
☎ (953) 126104

TURISMO RURAL

Hornos de Segura

Casa Rural Los Parrales.
Ctra. del Tranco a Hornos de Segura, km. 9.
☎ (953) 126200

SERVICIOS VARIOS

Arroyo Frío

Aula de la Naturaleza El Cantalar.
Ctra. del Tranco, km. 8. ☎ (953) 124121
Central de Reservas del Parque Natural.
Los Enebros. Ctra. del Tranco, km. 7.
☎ (953) 727200

Torre del Vinagre

Centro de Interpretación Torre del Vinagre. Ctra. del Tranco, km. 17.
☎ (953) 713040
Guías de Naturaleza Sociedad Cooperativa Quercus. Torre del Vinagre.
Ctra. del Tranco, km.17. ☎ (953) 713040

Coto Ríos

Empresa de actividades Bujarkai, S.L.
Calle Borosa, 81. ☎ (953) 713011

RUTA 3. EMPALME DEL VALLE–TORRE DEL VINAGRE–COTO RÍOS–EMBALSE DEL TRANCO

Esta ruta transcurre por el valle que el Guadalquivir forma dentro del Parque Natural, algo más abierto que en su parte alta, desde el nacimiento hasta la Cerrada del Utrero. La ruta recorre la zona de menor altitud del Parque, entre los 900 y los 650 metros sobre el nivel del mar. A nuestra izquierda queda la Sierra de Cazorla en los primeros km y después la Sierra de Las Villas con cumbres como el Pardal (1.577 m) y el Blanquillo (1.830 m); a la derecha la Sierra de Segura con Las Banderillas (1.993 m).

Los lugares que recorremos en esta ruta son los que más afluencia de visitantes registran a lo largo del año. Dos son los motivos que justifican este hecho: uno por encontrarse en este trayecto la mayoría de los equipamientos de interpretación del Parque, el otro por la instalación en el mismo de un gran número de plazas hoteleras y la mayoría de los campings. Este último motivo puede causar al visitante que llega por primera vez la sensación de encontrarse en un lugar excesivamente masificado, hecho que suele ocurrir en épocas determinadas. A pesar de ello, es casi obligado visitar el Centro de Interpretación de la Torre del Vinagre, aunque después nos perdamos por algunas de las otras rutas que se describen en esta guía y gocemos alejándonos del bullicio que lugares muy concretos de este valle pueden tener en ciertas épocas del año.

EMPALME DEL VALLE

El punto de partida de esta ruta es el conocido **Empalme del Valle**, que describimos en la Ruta 1, y al que accedemos desde Cazorla. Una vez en este cruce de caminos tomamos la dirección Torre del Vinagre-Cotorríos-Tranco. Comenzamos a descender entre un bosque de pino negral o resinero *(Pinus pinaster)*, y a 4 km llegamos a un puente sobre el río Guadalquivir, donde existe una antigua Central Eléctrica, se trata de la Central del Valle hoy abandonada, que aprovechaba la caída del agua desde la **Cerrada del Utrero** (Ruta a pie) para mover la turbina y producir energía eléctrica. En este lugar podemos contemplar los rápidos que forma el **río Guadalquivir**, sobre todo en épocas de crecidas, después de salvar el desnivel de la Cerrada del Utrero. Continuando por la carretera, a 2 km, se encuentra la población de **Arroyo Frío**, pedanía perteneciente a La Iruela. Se trata de un núcleo urbano con una amplia infraestructura hotelera, siendo uno de los lugares más degradados urbanísticamente debido, entre otros factores, a los volúmenes que han adquirido muchas de sus construcciones, así como a los materiales empleados en las mismas, un hecho que se debía haber tenido en cuenta al ubicarse dicha población dentro de los límites de un espacio natural protegido. Sirva como ejemplo de lo que no se debe hacer dentro de un Parque Natural.

A 2 km de Arroyo Frío nos encontramos con un cruce, a nuestra derecha, que nos indica la dirección al Aula de la Naturaleza «**El Cantalar**», que se encuentra a 4 km de aquel punto y a la que podemos llegar a través de una pista forestal. Cerca de ésta podemos contemplar un bosque mediterráneo bien conservado, donde abundan las encinas *(Quercus ilex ballota)*, los madroños *(Arbutus unedo)*, los arces *(Acer monspesulanum)*, los serbales *(Sorbus torminalis)* y los labiérnagos *(Phillyrea angustifolia)*, entre otras especies.

TORRE DEL VINAGRE

Regresando de nuevo a la carretera, continuamos paralelos al río Guadalquivir que queda a nuestra izquierda, después de pasar el **puente del Hacha**, el río quedará a nuestra derecha hasta el final de la ruta. A nuestra izquierda podemos ver las secuelas del gran incendio que hubo en el año 1986 y que se cobró cerca de 1.000 hectáreas de bosque. Transcurridos 9 km desde el cruce del Cantalar, llegamos al Centro de Interpretación de la **Torre del Vinagre**, el cual cuenta con un amplio aparcamiento. En este centro se encuentran una serie de instalaciones que recomendamos visitar, sobre todo para tener una idea general del Parque Natural. Son las siguientes:

• **Sala de interpretación.** Mediante fotografías, maquetas y varias vitrinas y exposiciones, obtendremos unos conocimientos básicos de los diferentes aspectos del Parque Natural, como su geología, vegetación y flora, fauna,

Torre del Vinagre.

Jardín botánico Torre del Vinagre.

ecología, recursos naturales, etc. El interior de esta sala se divide a su vez en:

- Espacios protegidos
- Actividades humanas
- Medio físico
- Ecosistemas del Parque Natural
- Flora
- Biotopo y fauna
- Rastros y huellas

También cuenta con una sala de proyecciones donde se muestran, entre otros, diaporamas del Parque Natural. La instalación se complementa con un punto de información y venta de publicaciones y diferentes objetos de recuerdo.

• **Museo de caza.** En él podemos ver diversos trofeos de las especies cinegéticas del Coto Nacional de Caza de Cazorla-Segura, así como de otras especies de la fauna ibérica que no están presentes en el Parque Natural. También podemos ver las distinas modalidades de caza que se practican en la zona. El museo se completa con tres dioramas de las especies cinegéticas autóctonas del Parque, como son la cabra montés, el ciervo y el jabalí.

• **Jardín Botánico.** Esta instalación es uno de los equipamientos ambientales más importantes del Parque Natural, dado su carácter didáctico, estando especialmente diseñado para todo aquel visitante que quiera conocer la vegetación y la flora de estas sierras. En el mismo se encuentran representadas las diferentes bandas de vegetación según la altitud del Parque, por esto se divide en los siguientes apartados:

- Plantas culminículas
- Plantas rupícolas
- Zona de pino laricio
- Zona de garriga
- Plantas de hoja caduca
- Sotobosque mediterráneo
- Zona de tomillar
- Zona de atochares
- Plantas ornamentales
- Arboles frutales
- Plantas representativas de la flora española

• Plantas del resto de Andalucía
• Plantas ripícolas
• Plantas acuáticas

En el Jardín Botánico destacan algunos de los endemismos presentes en el Parque Natural, de difícil observación en el medio natural, y que podemos contemplar en esta instalación. También hay que destacar la importante labor de este jardín, en relación a su vivero, como banco de semillas de diversas especies que se encuentran en peligro de extinción, con el objeto de realizar plantaciones de las mismas en el medio natural.

Desde la Torre del Vinagre nos desviamos por una carretera asfaltada que existe frente a esta instalación y tras vadear el río Guadalquivir por un puente llegamos al centro de interpretación fluvial río Borosa.

• Centro de interpretación fluvial río Borosa. Inagurado en el año 1997, en este centro podemos contemplar algunos de los aspectos más importantes del agua en la sierra, con especial atención al **río Borosa**, de cuya cuenca existe una maqueta. Mediante maquetas y paneles conoceremos el modelado del paisaje como consecuencia del agua, la flora y la fauna asociada a los cursos de agua, y las antiguas actividades, hoy en el recuerdo, como el transporte de troncos por las aguas. El centro dispone también de un acuario en el que podemos ver algunos de los seres vivos que pueblan los ríos de estas sierras, como la trucha, el barbo, la boga, el lucio, el cangrejo de río, la culebra de agua, la salamandra o el galápago.

Río Borosa.

Arce.

En este lugar existe un amplio aparcamiento, y unos metros más arriba se encuentra una piscifactoría de la Consejería de Medio Ambiente que está cerrada al público para evitar las molestias a la fauna piscícola. Algo más arriba nos encontramos con un puente sobre el río Borosa y una pista cerrada al tránsito de vehículos, desde donde podemos realizar la ruta a pie del Río Borosa-Laguna de Valdeazores.

Ciervo.

PARQUE CINEGÉTICO DEL COLLADO DEL ALMENDRAL

Desde la Torre del Vinagre distan 5 km hasta el cruce del poblado de **Coto Ríos**. Esta es una población de casas blancas situada junto a las orillas del Guadalquivir y que para acceder a la misma deberemos crucar el río por un baden. En esta población de titularidad pública viven muchas de las familias que fueron expropiadas cuando se creó el Coto Nacional de Caza, así como personal de la guardería forestal, de los cuales algunos vivían en las cortijadas descritas en la ruta a pie Llanos de Arance-Aguamulas.

Continuando hacia el embalse del Tranco, el pinar que aparece se encuentra representado por el pino carrasco *(Pinus halepensis)*, fruto de las intensas repoblaciones efectuadas en esta zona del Parque. Estos pinares han sustituido al antiguo encinar-quejigal. Entre los arbustos que vemos por debajo del pinar se encuentran especies como el lentisco *(Pistacia lentiscus)*, la cornicabra *(Pistacia terebinthus)* y el romero *(Rosmarinus officinalis)*, y entre los árboles destacan algunos bosquetes de encinas *(Quercus ilex ballota)* y de quejigos *(Quercus faginea)*.

A unos 6 km de Coto Ríos llegamos al **Parque Cinegético del Collado del Almendral**. En este lugar existe un aparcamiento donde podemos dejar el vehículo, y desde aquí podemos realizar una excursión a pie por el sendero guiado que nos llevará en primer lugar hasta el mirador del Castillo, desde el que podemos ver la **isla de Bujaraiza** con su castillo en lo alto, rodeada por las aguas del embalse del Tranco en época de lluvias, y luego la senda nos conducirá hasta el mirador de Las Ánimas, donde acaba el trayecto. Durante el mismo, que es aconsejable realizarlo a primeras horas de la mañana o al atardecer, podemos ver, en estado de semicautividad, algunas de las especies de grandes ungulados del Parque Natural, como son la cabra montés *(Capra pyrenaica)*, el ciervo *(Cervus elaphus)*, el gamo *(Dama dama)* y el muflón *(Ovis musimon)*.

Una vez realizada la visita al Parque Cinegético, y continuando por la carretera, a 1 km llegamos al **mirador de Rodríguez de la Fuente**, que encontramos a nuestra derecha. En este lugar podemos aparcar el vehículo y contemplar una excelente panorámica del embalse del Tranco, de la isla de Bujaraiza, con su viejo castillo y, a la izquierda de ésta, la gran isla de Cabeza de la Viña, en alusión al cultivo de vides en esta zona en tiempos remotos. La **Isla de Cabeza de la Viña**, que podemos confundir con la otra orilla del embalse por sus grandes dimensiones, es un enclave del término municipal de Hornos de Segura, aunque separado de éste y rodeado por tierras pertenecientes a

Lagartija de Valverde.

Santiago-Pontones. Desde el mirador en las tardes de otoño podemos escuchar y, con algo de suerte, contemplar el impresionante espectáculo de la berrea de los ciervos, un acontecimiento que marca la llegada de las primeras lluvias. Algo más abajo se encuentran las ruinas de **San Miguel de Bujaraiza** que en época musulmana fue una aldea importante y de la que hoy quedan, tan solo, los restos de algunas construcciones, cuando las aguas del embalse no las cubren.

PRESA DEL EMBALSE DEL TRANCO

A partir del punto anterior el río Guadalquivir se va haciendo más grande y sus aguas se remansan en el **embalse del Tranco**. A la presa llegamos tras realizar 12 km desde el mirador

Embalse del Tranco de Beas.

LA LAGARTIJA DE VALVERDE

Uno de los endemismos más populares del Parque Natural es la Lagartija de Valverde *(Algyroides marchi)*, pequeña lagartija descubierta por el profesor José Antonio Valverde en 1958, al pie de la cordillera de Las Banderillas. En la actualidad se han encontrado también algunas poblaciones de la especie en la vecina Sierra de Alcaraz. Su descubridor es uno de los pioneros en las actividades de conservación de la naturaleza en España, además de prestigioso naturalista e investigador. Considerado como el padre del hoy Parque Nacional de Doñana, en el año 1954 fue cofundador de la Sociedad Española de Ornitología, transcurriendo gran parte de su trabajo en la Estación Biológica de Doñana, perteneciente al Consejo Superior de Investigaciones Científicas.
La Lagartija de Valverde es una lagartija de montaña, que habita entre los 700 y 1.500 m. de altitud. Posee una longitud de unos 14 cm, con cola larga y colores pardo oliváceos. Como el resto de las lagartijas, prefiere lugares soleados, aunque le gustan las zonas con humedad, situándose principalmente junto a los cursos de agua de los arroyos y ríos de montaña, donde el agua no falte en ninguna época del año. La combinación de una fuerte insolación y la proximidad a lugares húmedos son los requisitos del hábitat de esta lagartija. Entre las amenazas que este reptil tiene en la actualidad en el Parque , se encuentran su restringida área de distribución y la alteración del hábitat.

Embalse del Tranco. Isla de Bujaraiza con el castillo árabe.

de Rodríguez de la Fuente. El embalse del Tranco es actualmente el de mayor capacidad de la provincia de Jaén, con 500 millones de metros cúbicos. Sus obras se realizaron durante los años cuarenta y se inaguró en 1947. Con anterioridad a la realización del embalse, el paso por este lugar se hacía por un sitio muy peligroso y estrecho, por lo angosto del lugar, según recuerdan los más ancianos de la zona. En este gran lago artificial se remamansan los cauces de todos los arroyos y ríos que tributan sus aguas al Guadalquivir dentro del Parque Natural, entre los que destacan los ríos Borosa y Aguamula por los que podemos realizar sendas rutas a pie. Desde el muro de la presa aguas abajo, podemos ver el gran desnivel y el profundo barranco que el río Guadalquivir forma en la Sierra de Las Villas, describiendo una curva tras la que el río cambia de sentido hacia el oeste, entre la **Sierra de las Lagunillas** en su margen izquierda y la **Risca del Guijarrón** a la derecha. La altitud sobre el nivel del mar de las aguas con la presa llena es de 641,5 metros. Debajo de las aguas del embalse, como en cualquier otra infraestructura de este tipo, quedaron inundados numerosos cortijos, cuyos habitantes vivían del fértil valle que el río, con el arrastre de sus limos, había formado a través de los tiempos en esta zona de la sierra.

En este punto termina nuestra ruta. Desde aquí, después de atravesar la presa, si giramos a la izquierda, podemos enlazar con la Ruta-4 (Sierra de Las Villas), en dirección a Villanueva del Arzobispo, quedando el **Charco del Aceite** a 6 km. Si tomamos la dirección de la derecha, iremos paralelos al embalse por la cola denominada de Hornos, y podremos enlazar con la Ruta 7 (Beas de Segura-Hornos-Santiago de la Espada), en el lugar conocido como Cortijos Nuevos, distante unos 15 km.

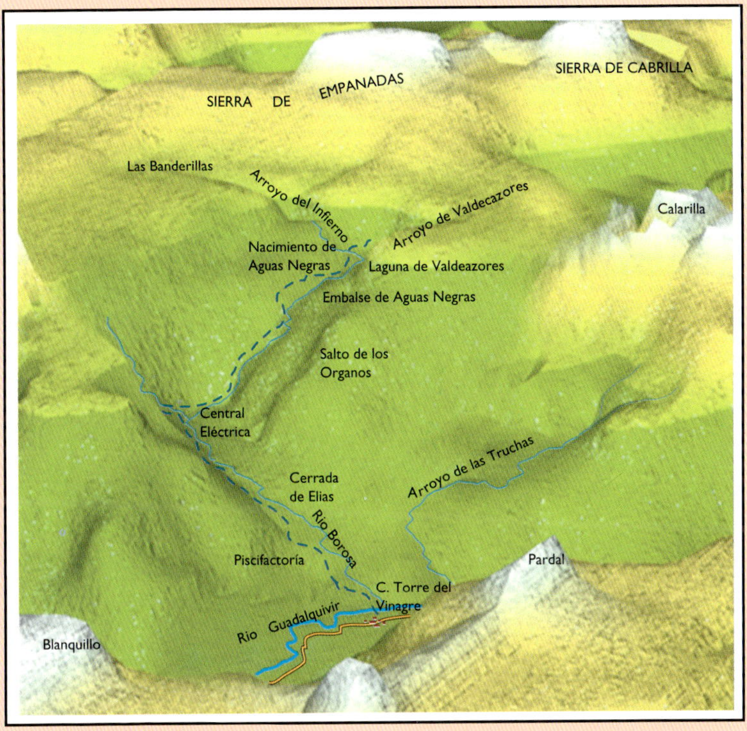

RUTA A PIE. TORRE DEL VINAGRE (700 M)-LAGUNA DE VALDEAZORES (1400 M)

En la carretera transversal del Tranco, en el punto kilométrico 17, se encuentra el Centro de Interpretación de la Torre del Vinagre. Desde este lugar sale una carretera que, tras vadear el río Guadalquivir y recorrer unos 2 km, nos llevará hasta el Centro de Interpretación fluvial del río Borosa; unos metros más arriba cruzamos un puente sobre el río Borosa que se encuentra junto a la piscifactoría y en este lugar dejamos el vehículo, junto a una pista que se encuentra cerrada al tráfico por una cadena.

700 m

4 h. (Ida)

Podemos abastecernos de agua en una fuente que se encuentra junto a la pista al principio de la ruta y más tarde en la Cerrada de Elías, donde existe otra fuente. Si vamos a realizar la ruta completa conviene ir provisto de comida por la duración de la misma.

La ruta comienza en el aparcamiento donde hemos dejado el vehículo. Desde aquí tomaremos la pista que se encuentra cerrada y que hemos mencionado anteriormente. En esta ruta vamos a recorrer el curso del **río Borosa** (río Blanco), uno de los más bellos del Parque. El Borosa es además límite natural entre dos sierras, la de Segura a su orilla derecha aguas abajo y la de Cazorla a su orilla izquierda. A pocos metros del comienzo de la ruta nos encontramos con unas bellas cascadas de-

Arroyo de las Truchas.

Puente de los Caracolillos.

nominadas el **Charco de la Cuna**, donde nos llama la atención la disposición vertical que adquieren los estratos, como consecuencia del plegamiento y por la erosión que produce el discurrir de las aguas. El pino dominante en esta zona es el pino carrasco *(Pinus halepensis)*, que ocupa en estas cotas bajas el espacio del antiguo encinar *(Quercus ilex ballota)*, debido a las repoblaciones; en el sotobosque podemos observar plantas como la coscoja *(Quercus coccifera)*, la cornicabra *(Pistacia terebinthus)* y el romero *(Rosmarinus officinalis)*. Cuando llevamos algo más de 1 km llegamos a la confluencia del **arroyo de las Truchas o Agracea** con el río Borosa, el cual trascurre por un pliegue sinclinal. 1 km más arriba llegamos al **Puente de los Caracolillos**, donde podemos observar un llamativo accidente geológico: se trata de un anticlinar, precisamente el nombre de «Caracolillos» hace alusión a los restos fósiles encontrados en la zona. En este punto, y después de atravesar el puente, la pista se bifurca en dos, la de la derecha que se encuentra cerrada con una cadena y que comienza a ascender bruscamente, y la de la izquierda –la que seguiremos nosotros–, que transcurre paralela al río, que queda ahora a nuestra izquierda. En las aguas del Borosa son abundantes las truchas, tanto la trucha común *(Salmo trutta fario)*, especie éndemica de nuestros ríos, y la trucha arco iris *(Salmo gairdneri)*, procedente de las repoblaciones efectuadas en este río, al existir en él un Coto de Pesca Intensivo. El barbo *(Barbus barbus sclateri)* es otro pez que podemos ver saltando por los rápidos contra corriente, entre los meses de mayo y junio. Entre los predadores de peces se encuentra la nutria *(Lutra lutra)*, que constituye un indicador biológico de nuestras aguas, y que habita en las cristalinas y oxigenadas aguas del Borosa. Conforme avanzamos, el pino negral *(Pinus pinaster)* se va haciendo más abundante y, junto a la orilla del río, podemos ver plantas como la mimbrera roja *(Salix purpurea)*, el rosal silvestre *(Rosa canica)*, la zarzamora *(Rubus ulmifolius)* y el boj *(Buxus sempervirens)* que comienza a ser más abundante, constituyendo una planta que veremos durante toda nuestra ruta. Los invertebrados son numerosos en el curso del río; entre estos destacan las libélulas y los caballitos del diablo, así como el escorpión acuático y los zapateros, indicadores estos últimos de la calidad de estas aguas. A algo más de 1 km desde el Puente de los Caracolillos y después de haber cruzado un puente de madera a la mitad de este trayecto, que nos sitúa en la margen derecha del río, llegamos al **Vado de los Rosales**. En este lugar dejamos la pista forestal que hemos seguido hasta ese momento, para seguir una senda que transcurre paralela al río entre un espeso bosque, donde abundan las encinas, los quejigos *(Quercus faginea)*, los madroños *(Arbutus unedo)* y un cortejo de arbustos típicamente mediterráneos y que prefieren suelos húmedos y ricos en humus, como son el durillo *(Viburnum tinus)*, el labiérnago *(Phillyrea angustifolia)*, plantas trepadoras como la hiedra *(Hedera helix)*, la zarzaparrilla *(Smilax aspera)* y la rubia *(Rubia peregrina)*, entre otras. Entre la fauna ornítica, íntimamente ligada al curso del río, en este lugar podemos encontrarnos con la presencia del martín pescador *(Alcedo atthis)*, de vivos colores verdes y azules, y con el mirlo acuático *(Cinclus cinclus)*, pájaro rechoncho de colores oscuros y pecho blanco, que es fácil observarlo posado en las rocas que emergen del agua, agitando su cola, o volando rápidamente a ras del agua; es un gran nadador y buceador, conocido en la sierra con el nombre de «patico». En el soto del río abundan también dos especies de lavanderas, la blanca *(Motacilla alba)* y la cascadeña *(Motacilla cinerea)*. Continuando nuestra ruta, a unos 800 m llegaremos a un puente de madera; después de cruzarlo nos encontraremos con una fuente de agua. A partir de este lugar el río quedará de nuevo a nuestra izquierda y nos internaremos en la estrecha garganta que forma el mismo, conocida como la **Cerrada de Elías**. Se trata de un paquete de rocas calizas que forman unas paredes verticales, las cuales han sido excavadas por la acción de las aguas del río Borosa y donde el agua rezuma, constituyendo un hábitat ideal para las plantas rupícolas, que aprovechan las pequeñas fisuras de las rocas para desarrollarse; entre las mismas se encuentran el culantrillo de pozo *(Asplenium trichomanes)*, el cabello de Venus *(Adiantum capillus-veneris)* y la doradilla *(Ceterach officinarum)*. El recorrido por la cerrada lo realizamos a través de una pasarela de madera colgante sobre el río y suspendida sobre una de sus paredes verticales. A unos 300 metros termina la Cerrada de Elías y llegamos de nuevo a la pista forestal que dejamos en el Vado de los Rosales, cerca de un puente de madera que salva el río.

Salto de los Órganos.

Rana común.

Embalse de Aguas Negras.

Continuando por esta pista, a unos 3 km llegamos a la **Central Eléctrica de los Órganos**, punto donde termina la pista. Desde este lugar podemos observar el gran desnivel que tienen que salvar las aguas del río Borosa, que son conducidas por una tubería desde el Embalse de la Feda o Aguas Negras hasta la Central para mover la turbina que produce energía eléctrica. Desde la Central Eléctrica parte una senda que nosotros seguiremos, dejando siempre el río a nuestra derecha. Esta senda en épocas de lluvias es peligrosa por los desprendimientos originados por las aguas. Tras haber recorrido 1,5 km llegamos al impresionante **Salto de los Órganos**, que es un salto natural de agua de unos 170 metros de altura. En este salto se construyó en el año 1915 una rampa de madera para deslizar los troncos y poder salvar este accidente geográfico, con el fin de que las maderas procedentes de los barrancos que hay por encima de este salto llegaran al Guadalquivir a través del Borosa. En la actualidad, y debido a la canalización existente desde el Embalse de Aguas Negras a la Central Eléctrica, el salto permanece sin agua la mayor parte del año, con la excepción de la época de lluvias y en el deshielo primaveral, donde la caída del agua es todo un espectáculo. Entre la fauna próxima al río nos puede sorprender el sonido del mirlo común *(Turdus merula)*, abundante entre la maleza de zarzas y rosales. De más difícil observación es la oropéndola *(Oriolus oriolus)*, ave de llamativos colores amarillos y negros. Desde el Salto de los Órganos comenzamos un brusco ascenso por una senda que gira a nuestra izquierda y que nos llevará hasta la boca de un túnel excavado en la roca caliza y que atraviesa el **Picón del Haza**; por dicho túnel transcurre el canal de agua que procede del Embalse de Aguas Negras y que más tarde se precipitará por la tubería hasta la Central Eléctrica. Antes de introducirnos en el túnel, podemos seguir la senda que transcurre paralela al canal en dirección opuesta hasta dar vistas a la Central Eléctrica y al encajonado valle que forma el río Borosa, por el que hemos llegado hasta este punto. También podemos ver al otro lado del río las **Lanchas de Pilatos**, una formación rocosa donde abundan grandes ejemplares de encinas. De vuelta a la boca del túnel, y una vez atravesado éste, llegaremos a otro túnel de menores dimensiones; después de atravesarlo nos encontraremos con el muro del **Embalse de Aguas Negras**; subiendo por unas escaleras que existen en la roca llegaremos hasta la coronación de la presa. Antes de atravesar el muro de ésta, podemos desviarnos a nuestra izquierda siguiendo una senda que transcurre paralela al curso del río y, tras recorrer unos 300 m, llegaremos al **nacimiento de Aguas Negras**, lugar donde nace el río Borosa. Desde aquí regresaremos de nuevo a la presa sobre nuestros pasos, atravesaremos el muro de la misma y, siguiendo por una senda que transcurre bordeando el embalse, llegaremos a un anchurón de donde parte una pista forestal, siguiendo la misma el río queda ahora a nuestra izquierda y a 1 km aproximadamente, llegaremos a la **Laguna de Valdeazores**. Podemos asomarnos al muro de la presa de esta laguna desde donde tenemos una excelente vista del barranco que forma el río con el Picón del Haza al fondo. Conforme hemos venido ganando altura hemos podido comprobar cómo el pino laricio *(Pinus nigra)* ha sustituido a las otras especies de pinos, acompañado de encinas y de arces *(Acer granatense)*. Una vez en las lagunas, el pino laricio será el único pino presente en sus alrededores. Junto al agua podemos ver especies como el junco *(Juncus sp)*, la enea *(Typha domingensis)*, el carrizo *(Phragmites australis)* y algunos árboles como el fresno *(Fraxinus angustifolia)* y el álamo negro *(Populus nigra)*. Especial atención merece una formación conocida con el nombre de bojeda, se trata del boj *(Buxus sempervirens)*, arbusto que forma en estos lugares grandes masas cerradas y que puede alcanzar hasta 3 metros de altura. Entre la fauna acuática más característica de estas lagunas se encuentran el ánade real *(Anas platyrhynchos)* y la focha común *(Fulica atra)*. La Laguna de Valdeazores se formó como consecuencia de un deslizamiento de una gran masa de tierra; dicho despredimiento motivó el corte del **Arroyo de la Reina** anegando pinos de más de 30 m de altura. Más tarde se construyó el muro que existe en la actualidad, por lo que podemos considerar esta laguna como de origen seminatural, fruto de la acción de la naturaleza primero y de la del hombre después. Una vez en la Laguna de Valdeazores podemos regresar por donde hemos venido hasta el puente de la Piscifactoría o bien, si contamos con un vehículo que nos recoja, podemos continuar por la pista hacia arriba donde, a unos 5 km, llegaremos a un cruce, en el lugar conocido como **Collado de Fuente Bermejo**, donde enlazaremos con la pista forestal que viene de las Navas de San Pedro, que se encuentra a unos 9 km de distancia de este cruce.

Laguna de Valdeazores.

El barranco del río Borosa, desde su nacimiento hasta su desembocadura en el Guadalquivir, es una de las maravillas naturales del Parque y, aunque es cierto que se trata de uno de los lugares más visitados por el turismo, también es verdad que el mismo merece una visita. Entre sus valores más sobresalientes destacan su paisaje, y dentro de éste su geología; pues todo el río es una lección de geología: pliegues anticlinares y sinclinares, la disposición de sus estratos, etc. La vegetación exuberante de sus orillas y una fauna peculiar hacen de este río uno de los más bellos cursos de agua de la sierra. Todo esto, sumado a la existencia en esta ruta de las lagunas de Aguas Negras y Valdeazores, y del nacimiento del río Borosa, hacen que su visita quede por siempre grabada en nuestro recuerdo.

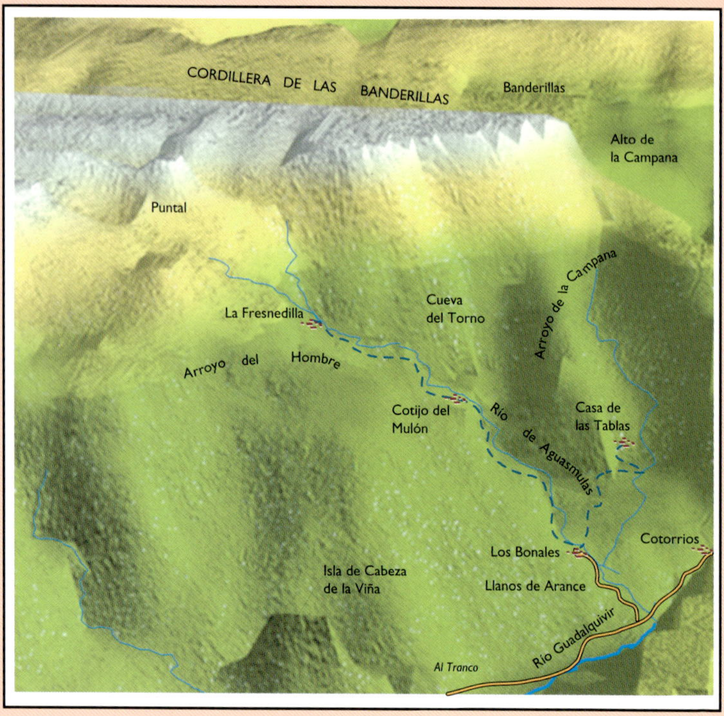

RUTA A PIE. LLANOS DE ARANCE (650 M)-AGUAMULA (1.000 M)

En el km 22 de la carretera transversal del Tranco se encuentra el cruce al poblado de Cotorríos; 1 km más adelante está el cruce del camping Llanos de Arance. Nosotros seguiremos por esta pista 3 km, después de atravesar un puente sobre el río Aguamula, que desemboca a escasos metros de éste en el Guadalquivir, llegamos a un control; desde este punto cogeremos la pista que sale a nuestra derecha por la que circularemos durante 1 km hasta la Casa Forestal de Los Bonales, donde una cadena impide el tráfico rodado, en este punto dejaremos el vehículo.

350 metros

3 horas. (Hasta la Fresnedilla)

Para realizar este recorrido, que transcurre por una pista forestal cerrada al paso de vehículos, conviene ir provistos de agua, de la que podemos abastecernos antes de nuestra partida en la fuente de Los Bonales, que se encuentra junto a la pista a escasos metros de la Casa Forestal.

La ruta comienza en la **Casa Forestal de Los Bonales**, a escasos metros de ésta nos encontramos con el punto kilométrico 4. Nuestra ruta transcurre por el barranco del **río Aguamula** que queda a nuestra derecha. La vegetación está compuesta por pino carrasco *(Pinus halepensis)*, lentisco *(Pistacia lentiscus)*, enebro *(Juniperus communis)*, Labiérnago *(Phillyrea angustifolia)*, zarzamora *(Rubus ulmifolius)*, abundante romero

(Rosmarinus officinalis) y algunos quejigos *(Quercus faginea)*. Entre la fauna abundan las ardillas *(Scirius vulgaris)* y pájaros forestales como el herrerillo capuchino *(Parus cristatus)*, el carbonero garrapinos *(Parus ater)*, el piquituerto *(Loxia curvirostra)*, el mito *(Aegithalos caudatus)*, el trepador azul *(Sitta europaea)*, el pico picapinos *(Dendrocopos major)* y el arrendajo *(Garrulus glandarius)*, muchos de los cuales se alimentan de la abundancia de frutos como el lentisco y el madroño. Cuando llevamos unos minutos andando ya tenemos unas buenas vistas del barranco del río Aguamula con sus rápidos, y podemos apreciar la antigua senda de pescadores, de la que quedan los restos de un puente que cruzaba el río. A menos de 1 km del punto de partida nos ponemos al nivel del río y llegamos a la antigua **casa de las Tablas** en la confluencia del **arroyo de la Campana** con el río Aguamulas. En este lugar se encuentran, entre algunas higueras *(Ficus carica)* y fresnos *(Fraxinus angustifolia)*, las ruinas de un antiguo asentamiento de pineros y un puente de madera por el que podemos atravesar el río; también existen un coto de pesca con mosca sin muerte, lo que ha propiciado en los últimos años la recuperación de la trucha común *(Salmo trutta fario)* en este río, y las **ruinas del Cortijo** y **Venta de la Paridera** y de varios antiguos molinos. Continuando por la pista llegamos al punto kilométrico 5 donde, a unos 200 metros, hay un camino que baja hasta una represa desde donde podemos acercarnos al río. A partir de este punto comienza a aparecer el pino negral o resinero *(Pinus pinaster)*, y también vemos algunas jaras como el jaguarzo *(Cistus albidus)*. Conforme ascendemos aparece el madroño *(Arbutus unedo)*, la coscoja *(Quercus cofficera)* y el lentisco se hace más abundante. Entre el punto kilométrico 6 y 7 llegamos a

Aguamula.

la confluencia del **arroyo del Hombre** con el río Aguamula, donde es abundante el sauco *(Sambucus nigra)* y el helecho *(Pteridium aquilinun)*, y entre la fauna destacan las aves de ribera como el mirlo común *(Turdus merula)*, el mirlo acuático *(Cinclus cinclus)*, la lavandera cascadeña *(Motacilla cinerea)*, el ruiseñor común *(Luscinia megarhynchos)*, la oropéndola *(Oriolus oriolus)* y el martín pescador *(Alcedo atthis)*. A partir del punto kilométrico 7 comenzamos una ascensión y nos encontramos a la derecha con una pista por la que podemos desviarnos unos 300 m para llegar hasta la orilla del río. De regreso a la pista, a partir del punto kilométrico 8, la ascensión se acentúa y nos separamos del río, pudiendo ver al frente las paredes de la **cordillera de Las Banderillas** (1.993 m). En nuestro recorrido abunda la vegetación mediterránea con grandes ejemplares de encina *(Quercus ilex ballota)*, madroños y olivillas. Desde el punto kilométrico 9 tenemos una excelente vista, a nuestra izquierda, de la **Piedra del Mulón** y del cortijo del mismo nombre que aparece entre algunos olivares. En el bosque cercano a la pista hay especies caducifolias como el quejigo, el arce *(Acer granatense)* y el serbal *(Sorbus torminalis)*, y comenzamos a ver algunos ejemplares aislados de pino laricio *(Pinus nigra)*. Llegamos al punto kilométrico 11; junto a éste existe una pequeña

El «Cojo de la Fresnedilla».

senda que nos conduce a un puntal donde abundan las sabinas *(Juniperus phoenicea)* y los enebros. Podemos acercarnos hasta él pero con sumo cuidado por lo peligroso del cortado. Desde aquí tenemos unas excelentes vistas de Las Banderillas, y por encima de éstas se encuentran el Pinar Negro y los Campos de Hernán Perea. Continuando nuestra ruta, 1,5 km más arriba, llegamos hasta el final de la pista, desde la que podemos observar gran parte del barranco que forma el río y la **Piedra del Aguamula** donde nace el mismo. También nos llama la atención las ruinas de los antiguos cortijos de la **Fresnedilla**, hoy deshabitados, quedando como testigos los bancales donde se encontraban las huertas y algunos árboles frutales como nogales, cerezos y olivos. Entre las plantas silvestres abundan los fresnos junto al arroyo, y la cornicabra *(Pistacia terebinthus)* junto a la pista, y entre los mamíferos destaca el ciervo *(Cervus elaphus)* muy abundante. La ruta podemos terminarla bajando hasta el río por una senda que no se encuentra en muy buen estado como indica el cartel, y que encontraremos junto al cortijo derruido que hay bajo la pista.

En esta ruta, que transcurre por el monte desde Aguamulas hasta el arroyo de las Espumaderas, además de la flora y la fauna que hemos descrito, hay que recordar a los antiguos habitantes de este valle de montaña. Todo comenzó en 1780, cuando Juan José Fernández Fuentes, que vivía en unas cuevas junto al arroyo de Venancia, compró la finca del Recodo de Aguamulas de 1.080 hectáreas por 4.500 reales. Desde entonces ocupó algunas cuevas, como la de la Vaca, la del Torno, la del arroyo del Hombre y el covacho de los Marraneros, hasta hacer casa en la Fresnedilla. Las tierras fueron heredadas por sus hijos, entre ellos Julián Fernández Romeral, cuyo hijo mayor, Julián, fue padre de nueve hijos, entre ellos Máximo Fernández Cruz, el último habitante de estas tierras, conocido por el apodo del «Cojo de la Fresnedilla», símbolo de las injusticias a que se vieron sometidos los pobladores de estas sierras al expropiarles sus tierras para la creación del Coto Nacional de Caza. Máximo pagó su tenaz compromiso y su lucha en solitario de más de 30 años por la tierra que le vio nacer, con la cárcel en la que ingresó en el año 1982, en la última etapa del ICONA. Fue la cárcel el principal motivo de su paulatina pérdida de salud, falleciendo el 16 de junio de 1986. Lejos queda ya el recuerdo de los cerca de cien vecinos que poblaban este valle, repartidos entre las cortijadas de Los Bonales, la Casa de las Tablas, el Mulón, la Cueva del Torno, la Fresnedilla y Cuberos, donde vivió el tío Josico.

RUTA 4. SIERRA DE LAS VILLAS. IZNATORAF-VILLACARRILLO-VILLANUEVA DEL ARZOBISPO

La Sierra de las Cuatro Villas se puede considerar la gran desconocida del Parque Natural. En sus territorios hay fundamentalmente términos de cuatro municipos: Iznatoraf, Sorihuela del Guadalimar, Villanueva del Arzobispo y Villacarrillo. Situada en el centro occidental del macizo, es surcada por importantes cursos de agua: el Guadalquivir la delimita por el norte, este y oeste, tras cambiar bruscamente su trayectoría en el embalse del Tranco, y en pleno corazón de esta sierra nace el río Aguascebas, con sus afluentes del Aguascebas Chico y Aguascebas de la Cueva del Agua, que vierten sus aguas al río Guadalquivir en la población de Mogón.

Está constituida principalmente por el monte de utilidad pública de Las Villas Mancomunadas con algo más de 16.000 hectáreas, el más extenso de la provincia de Jaén. Gran parte de estos montes están dedicados a la explotación silvopastoril, con importantes aprovechamientos ganaderos y de sus maderas. No obstante en los últimos doce años se han producido numerosos incendios en esta sierra, que se han saldado con la desvastación de más de 1.000 hectáreas de bosque, hecho que nos recuerda los incendios que hubo en estos lugares, entre los años 1901 y 1905, que destruyeron más de 5.000 pinos.

Los inviernos son rigurosos en esta parte del macizo, con heladas frecuentes en las cotas más altas. La mayor parte de esta ruta transcurre entre los 1.000 y 1.200 m de altitud, estando la misma rodeada de picos como el Pardal (1.577 m), Blanquillo (1.830 m), Roblehermoso (1.432 m), Almagreros (1.565 m) y Cerro de Santa María (1.522 m). En la vertiente este de la Sierra de las Villas, fuera ya de ésta, se situa el valle alto del Guadalquivir y el embalse del Tranco de Beas, es decir las cotas más bajas del Parque, salvando un desnivel de más de 1.000 m desde la cumbre del Blanquillo, máxima cota de esta sierra, hasta el embalse del Tranco.

IZNATORAF

A unos 7 km de Villacarrillo, en el km 188 de la carretera N-322 (Córdoba-Valencia), nos desviamos para acceder a la población de **Iznatoraf**, situada a 3 km de esta carretera. Enclavada sobre un elevado cerro a 1.036 m. de altitud y rodeada por campos de olivares, se encuentra esta población que cuenta con 1.271 habitantes, y que fue declarada Conjunto Histórico.

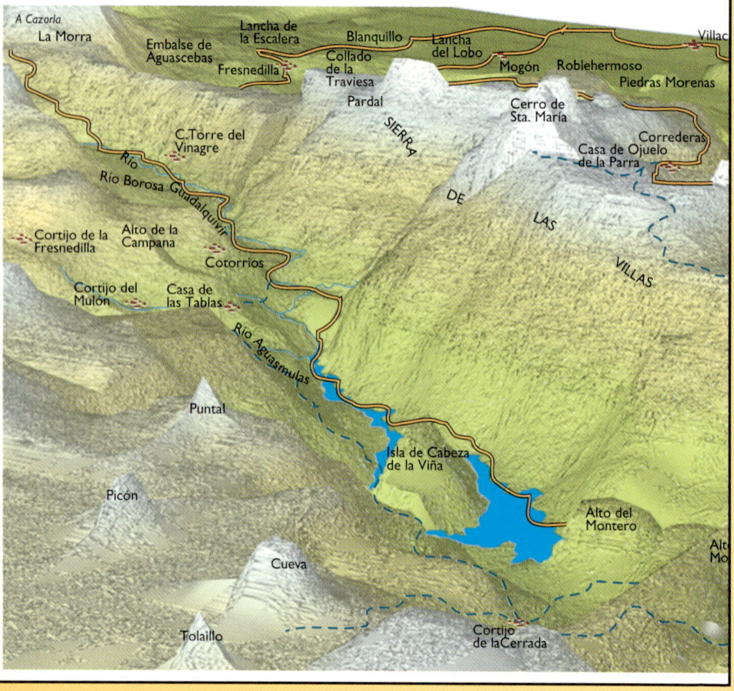

RUTA 4

SIERRA DE LAS VILLAS. IZNATORAF-VILLACARRILLO-VILLANUEVA DEL ARZOBISPO

GUIA DE SERVICIOS

ALOJAMIENTOS HOTELEROS

Villacarrillo

Hotel Las Villas **
Ctra. Córdoba-Valencia, km 181.
☎ (953) 440125

Hotel Puerta del Sol
Queipo de Llano, 11.
☎ (953) 440078

Villanueva del Arzobispo

Hotel Complejo Torres I **
Avda. de Valencia, 126.
☎ (953) 451042

Hotel Plaza **
Ctra. Córdoba-Valencia, km 191.
☎ (953) 451621

Hostal La Moraleda *
Ctra. Córdoba-Valencia, km 192.
☎ (953) 450388

Hostal La Jordana
☎ (953) 451636

Hostal La Fuensanta
Ctra. Córdoba-Valencia, km 134.
☎ (953) 450076

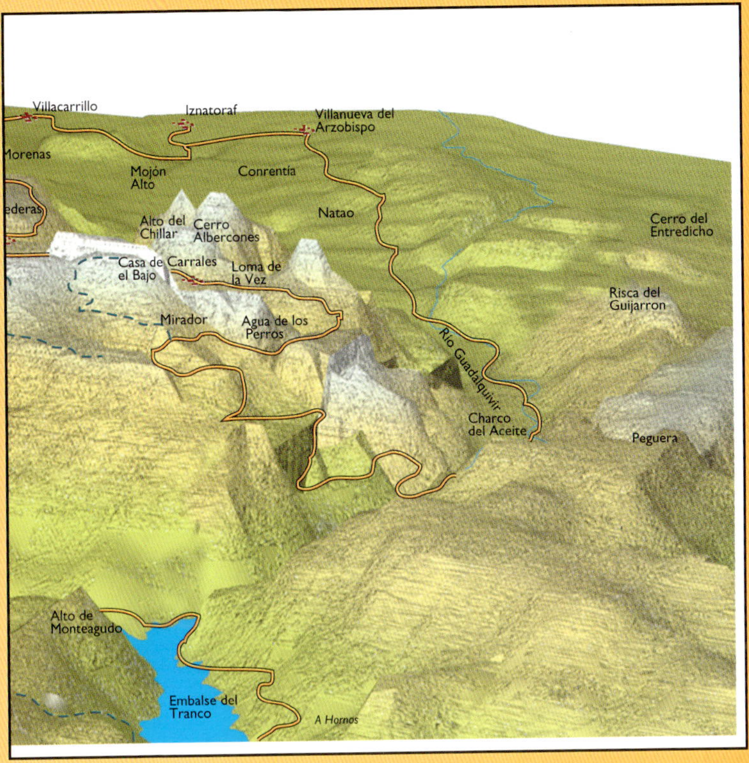

CÁMPINGS

Hornos de Segura

Camping Montillana.
406 plazas, 3ª categoría.
Ctra. del Tranco-Hornos, km 8.
☎ (953) 126104

TURISMO RURAL

Mogón

Apartamentos El Molinillo.
☎ (953) 451621

Sorihuela del Guadalimar

Fuente Negra.
Ctra. de Villanueva del Arzobispo-Embalse del Tranco

SERVICIOS VARIOS

Iznatoraf

Ayuntamiento.
☎ (953) 451507

Villacarrillo

Ayuntamiento. ☎ (953) 440000

Cruz Roja. ☎ (953) 440883

Guardia Civil. ☎ (953) 440103

Vivero Forestal «Arroyo del Torno».
Ctra. Sierra de Las Villas, km 22.
☎ (953) 128229

Villanueva del Arzobispo

Ayuntamiento. ☎ (953) 451000

Cruz Roja. ☎ (953) 452299

Guardia Civil. ☎ (953) 450805

Aspecto de Iznatoraf.

El paso de los árabes ha dejado su huella en el trazado sinuso de sus callejuelas. Se conservan también restos de la antigua muralla árabe, reformada más tarde por los cristianos, en la que existen varias puertas de entrada a la ciudad (la del Arrabal, la del Pozo y la del Postigo). En su plaza mayor destaca el edificio de la iglesia de Nuestra Señora de la Asunción, cuya construcción data de los siglos XVI y XVII. En el interior de la iglesia sobresalen la sillería barroca del coro y las cajoneras platerescas de la sacristía, y en su archivo se conserva un códice de principios del siglo XIV donde se reproduce el Fuero de Cuenca, que Fernando III otorgó a sus habitantes tras la conquista de la villa en 1240 y que estuvo vigente cerca de 600 años. Siendo en la actualidad la más pequeña de las poblaciones de las Cuatro Villas, a Iznatoraf pertenecían las otras tres poblaciones que las integran: Sorihuela del Guadalimar, Villanueva del Arzobispo y Villacarrillo. Desde sus murallas se contempla una amplia panorámica de parte de la provincia de Jaén, con las sierras de Cazorla y Segura al este y Sierra Morena al norte.

VILLACARRILLO

A 10 km de Iznatoraf en la carretera N-322, se encuentra **Villacarrillo**. Antigua aldea de Iznatoraf, se independizó de ésta en el año 1450, otorgándole Juan II el título de villa y pasando a depender del arzobispo de Toledo Alonso Carrillo, de cuyo apellido toma el nombre la población. En la actualidad el pueblo cuenta con

Vista de Iznatoraf.

Mirlo común.

11.796 habitantes, repartidos entre su casco urbano y algunas pedanías como Mogón. Destacan entre sus monumentos la iglesia de Nuestra Señora de la Asunción, obra del gran arquitecto del renacimiento andaluz Andrés de Vandelvira, que contrajo matrimonio en esta villa con Luisa de Luna. La iglesia, construida sobre las antiguas ruinas del castillo durante los siglos XVI y XVII, está dividida en tres naves, estando las bóvedas de la nave central cubiertas por frescos que representan la vida de Cristo. Entre las capillas, destaca la del Cristo de la Vera Cruz, donde podemos admirar un bello camarín de estilo barroco decorado con motivos florales. La sacristía es obra de Alonso Barba, discípulo de Vandelvira. En la ciudad podemos contemplar también otros monumentos como son la iglesia del Hospital, del siglo XVII, realizada por Juan de Aranda Salazar; el barrio alto; la Casa de la Inquisición, y el Ayuntamiento. Entre sus tradiciones destaca la procesión del Corpus Christi, nacida con la fundación en el siglo XVII de la Cofradía del Santísimo Sacramento, siendo costumbre ya por aquellas fechas, la celebración de estas fiestas, como queda recogido en un texto de la época, en el que por acuerdo del Cabildo en el año 1670, se dan poderes para que se libren doscientos ducados para la celebración de dichas fiestas. El Corpus se ha venido celebrando en Villacarrillo desde el siglo XVII hasta nuestros tiempos, y los visitantes que acuden a esta fiesta quedan admirados, por la organización de la misma, por su procesión, y por el engalanamiento con flores de las calles.

Villacarrillo.

EL BUITRE LEONADO

El buitre leonado (*Gyps fulvus)* es un ave inconfundible por sus características morfológicas, con una envergadura de 220 a 290 cm, y de colores pardo-leonados, de aquí su nombre, destacando en esta especie su collar de plumas blancas (gorgera). Es un ave exclusivamente necrófaga, tanto de animales salvajes como domésticos que encuentra muertos en el campo. Podemos distinguirla en vuelo por la costumbre de planear en grupos, aprovechando las corrientes térmicas. Nidifica en colonias sobre cantiles rocosos en las áreas de montaña, sintiendo predilección por las zonas de contacto de la sierra con la campiña. En el Parque contamos con una de las mayores poblaciones de buitre leonado de Andalucía, de aquí su fácil observación. Aunque la misma atravesó por momentos de dificultad; en la actualidad, y según los censos realizados en el año 1997, existen unas 35 colonias, con un total de 211 nidos, los cuales suman una población entre 1150 y 1250 individuos, entre parejas nidificantes, pollos del año e inmaduros. Lo que nos hace ver con esperanza el futuro de esta especie, tan beneficiosa para nuestros campos.

Buitre leonado.

MOGÓN

A 9 km de Villacarrillo, llegamos a la pedanía de **Mogón**. Sus casas se distribuyen a ambas orillas del río Guadalquivir y de su afluente el **Aguascebas**, que desemboca en este punto. Desde esta población iniciaremos el ascenso al interior de La Sierra de las Villas, tomando la carretera con dirección a **Santo Tomé**; atravesaremos un puente sobre el Guadalquivir y, a escasos metros de éste, dejaremos la dirección a Santo Tomé. Continuando nosotros hacia la izquierda, a 1 km aproximadamente, encontraremos a nuestra derecha un desvío que nos indica «Camino Transversal de la Sierra de las Villas», con una longitud de 60 km. Por él transcurrirá nuestro recorrido hasta enlazar con la carretera del embalse del Tranco a Villanueva del Arzobispo, en el Charco del Aceite.

SIERRA DE LAS VILLAS

Desde Mogón, situado a 450 m de altitud, a orillas del Guadalquivir, comenzamos un ascenso que nos llevará, tras recorrer unos 10 km, hasta el cruce con la **Fuente del Roble** situada a 800 m de altitud. Desde este punto podemos disfrutar de una amplia panorámica de las estribaciones de la sierra, con la depresión del Guadalquivir y las poblaciones de Santo Tomé y **Chilluevar**, y las de Villacarrillo e Iznatoraf que hemos dejado atrás. Nos llama la atención la expansión de los olivares situados sobre laderas de gran pendiente, que han sido plantados quitándole terreno al anterior uso forestal, hecho extraprolable al resto del Par-

Zona de los Vilchetes.

que, y que viene teniendo lugar desde finales del siglo XIX, ocupando los suelos que han dejado libres otros cultivos o usurpando la superficie forestal. Nos encontramos pues ante una profunda transformación antrópica del paisaje, en la que no se ha tenido en cuenta ningún criterio de tipo medioambiental (muchas plantaciones de olivos se sitúan en pendientes por encima del 30%, con graves problemas de erosión). Otros olivares por el contrario han sido plantados respetando las curvas de nivel, y los mismos se trabajan manualmente, evitando con ello la erosión de los suelos. Se trata de olivares extensivos tradicionales, con abundante flora y fauna, donde la densidad de árboles es menor que en el olivar intensivo, con varios pies y oquedades que sirven como refugio a la fauna silvestre.

La Traviesa.

Continuando nuestro recorrido, a unos 2 km nos introducimos dentro de los límites del Parque Natural, a nuestra izquierda queda el **pico Vilchetes** (1.270 m). A medida que avanzamos, metidos ya en plena sierra, el paisaje comienza a ser más abrupto. La vegetación esta representada principalente por la encina *(Quercus ilex ballota)*, el enebro *(Juniperus communis)*, el torvisco *(Daphne nigdium)*, el romero *(Rosmarinus oficinalis)*, el lentisco *(Pistacia lentiscus)* y la estepa blanca *(Cistus albidus)*. El pinar esta repesentado por el pino carrasco *(Pinus halepensis)*, propio de cotas por debajo de los 1.000 metros. Transcurridos 2 km desde la entrada al Parque encontramos a nuestra derecha una carretera que conduce a Cazorla y a Chilluevar, y unos metros más arriba existe un control, 7 km más adelante se encuentra el **embalse de Aguascebas**, situado a 1.000 m sobre el nivel del mar. Es un embalse pequeño construido en 1967 y con una capacidad de cuatro millones de metros cúbicos, que ocupa una extensión de 25 hectáreas. Este abastece de agua potable a los pueblos de la comarca de la Loma. Desde aquí, y asomándonos al muro de la presa, podemos contemplar los espectaculares cortados rocosos que jalonan el curso del río Aguascebas. Completaremos nuestra visita al lugar paseando por los alrededores del embalse o recorriendo la pista forestal que sale poco antes de llegar a la presa y que nos conducirá hasta el **arroyo de las Aguascebas de Chorrogil**, por debajo del **pico de La Morra** (1.539 m), donde existe un sendero guiado.

Lancha de la Cigarra.

Seguimos nuestra ruta, y a unos 3 km del embalse, nos encontramos con un pequeño núcleo habitado, llamado **La Fresnedilla**, único lugar de estos alrededores que cuenta con escuela unitaria, abierta después de haberse repoblado la aldea con algunas familias y que también atiende a los escolares de los cortijos cercanos. Cerca de aquí se encuentra la desviación al Vivero Forestal del «Arroyo del Torno», el cual puede ser visitado para conocer la actividad que en él se desarrolla y las especies de plantas autóctonas que en el mismo se obtienen. A 1 km de la Fresnedilla a nuestra derecha encontramos el sendero guiado a **Navazalto**. En la vegetación abundan las sabinas y los cipreses, que tan desafortunadamente se plantaron en estas montañas.

Continuamos ascendiendo hasta los 1.400 m., pasando el **collado del Pozico**, llegamos a los **collados de la Traviesa** y **de la Lancha del Lobo**. Entre ambos queda el **arroyo del Aguascebas de Gil Cobo o de la Cueva del Agua**, el cual se encuentra a 7 km de la Fresnedilla y por el que transcurre una pista forestal por la que realizaremos uno de los itinerarios a pie.

Prosiguiendo nuestra ruta, la carretera atraviesa entre la **Lancha del Lobo** que queda a nuestra derecha y la **Lancha de la Cigarra** a nuestra izquierda , donde comenzamos a descender hasta los .1050 m para llegar al **Raso de la Honguera**, paraje situado a 5 km del punto anterior. Este es uno de los rincones más bellos del recorrido, y donde merece la pena realizar una parada para disfrutar de este entorno. En las orillas del río y en el bosque galería que forma la vegetación se encuentran especies de aves como el martín pescador *(Alcedo atthis)*, la lavandera cascadeña *(Motacilla cinerea)*, la oropéndola *(Oriolus oriolus)*, el mirlo común *(Cinclus cinclus)* y el mirlo acuático *(Turdus merula)*. Aunque la toponímia de estos lugares nos recuerdan especies hoy extinguidas en el Parque como es el lobo, los mamíferos carnívoros se encuentran bien representados, como es el caso del la nutria *(Lutra lutra)*, el gato montés *(Felix sylvestris)*, el tejón *(Meles meles)*, la garduña *(Martes foina)*, la gineta *(Genetta genetta)* y el zorro *(Vulpes vulpes)*, todas estas especies están presentes en nuestra ruta, y aunque será difícil observarlas por las costumbres nocturnas de la mayoría de ellas, sus huellas y señales si las encontraremos en más de una ocasión. En este lugar también se encuentra un área recreativa a orillas del **río Aguascebas Grande** y un pequeño albergue de montaña conocido como refugio de la **Cueva del Peinero**.

Embalse de Aguascebas.

Volviendo de nuevo a la carretera por la que circulamos, continuamos nuestra ruta y a nuestra izquierda que-

Chorro Gil.

da el **Cerro de Santa María** (1.522 m.). Unos 4 km más arriba abordamos el **collado del Ojuelo**, donde existe un cortijo, un aprisco para ganado y un abrevadero. Continuando nuestra ruta nos encontraremos a nuestra margen izquierda con la **Casa Forestal de Los Carrales** y más adelante con una zona incendiada. A 13 km del Raso de la Honguera se encuentra el **mirador del Tapadero**, en el lugar conocido como **Agua de los Perros**, desde el cual tenemos unas excelentes vistas de **La Loma de la Vez** (1.100 m), que aparece a nuesta derecha, como cortada a escuadra formando una meseta en su cumbre, y al fondo queda el **barranco de Los Seteros**, con la casilla de los Vadillos y, cerca de ésta, la fuente del Roble, surcado por el arroyo del Chillar. Desde el mirador no es difícil observar el vuelo de los buitres leonados *(Gyps fulvus)*, y del alimoche *(Neophron percnopterus)*, menos abundante que el buitre.

Desde este punto comenzamos a descender y a unos 2 km nos encontramos con la **Fuente del Tobazo**, y 2 km más abajo llegamos al **Arroyo de los Cerezos**, lugar donde se sitúa en verano un campamento juvenil. Conforme descendemos desde el mirador hacia el Guadalquivir, entre el encinar aparecen otras plantas asociadas a éste como son el agracejo *(Phillyrea latifolia)* y el madroño *(Arbutus unedo)*, en lugares húmedos, y en la solana, podemos ver el lentisco *(Pistacia lentiscus)* y la coscoja *(Quercus coccifera)*. También son abundantes otras especies como el arce *(Acer granatense)*, la cornicabra *(Pistacia terebinthus)*, el quejigo *(Quercus faginea)* y el enebro *(Juniperus oxycedrus)*. En estos bosques merodea el jabalí *(Sus scrofa)*, cuya presencia podemos detectar por las señales que deja al remover la tierra en busca de bulbos y raíces. Continuando el descenso, después de atravesar el río Guadalquivir, llegamos a la antigua **Venta de los Agustines** y a la derecha, recorriendo unos pocos metros, llegamos al popular **Charco del Aceite** o de la Pringue, que se encuentra a 600 m de altitud. Aquí podemos encontrar una adecuación recreativa gestionada por la Consejería de Medio Ambiente, donde existe una piscina fluvial, mesas y fuentes. El nombre de la zona hace alusión al vuelco de un carro de aceite en este lugar, y al efecto que causó el líquido en las aguas del Guadalquivir. Desde este punto enlazaremos con la carretera que une Villanueva del Arzobispo con la presa del Tranco, situada a 6 km de este punto tomando la dirección de la derecha.

Para concluir nuestra ruta tomaremos la dirección de la izquierda, en dirección a Villanueva del Arzobispo, distante de este punto unos 22 km. La carretera transcurre paralela al río Guadalquivir, que queda a nuestra izquierda; a medida que avanzamos los pinares de la sierra van dejando paso a los olivares que trepan por las laderas, el barranco que forma el río aunque abrupto, va ampliandose y este se hace cada vez más ancho. Una buena vista de este barranco la tenemos desde el

Manzano silvestre.

Loma de la Vez.

mirador situado a 6 km del Charco del Aceite. Los cortijos aparecen salpicando la geografía del lugar, algunos entre los pinares, otros entre los olivares serranos de las Villas, no en vano el aceite virgen de estos lugares, goza de muy buena fama. Unos 3 km más arriba del mirador y a nuestra derecha un pequeño mural de azulejos sobre la roca, nos recuerda el paso de San Juan de la Cruz por estos lugares:

En este paraje de la ermita y convento del Calvario, vivió San Juan de la Cruz en los años 1578 y 1579, cultivó una modestísima granja, empezó sus incomparables obras de mística, teología, y escribió sublimes composiciones, modelos de perfección, arrullado por el Guadalquivir.

«Un sólo pensamiento del hombre vale más que todo el mundo.
Por tanto sólo Dios es digno de el.»
San Juan de la Cruz

Desde aquí, y después de recorrer 10 km llegamos al cruce con la carretera N-322 (Córdoba-Valencia). En este cruce se sitúa el **Santuario de la Fuensanta**, patrona de las Cuatro Villas (Iznatoraf, Sorihuela, Villanueva y Villacarrillo) y en donde se celebra una romería el 8 de septiembre, a la que asisten vecinos de los cuatro pueblos. La historia de este santuario figura en una cartela sobre la puerta de acceso a la llamada Fuente Santa, y dice así «Año 964, Alí Menon, Rey de Iznatoraf, informado de que su mujer se instruía en la ley de los cristianos mandó le cortasen

Santuario y Virgen de la Fuensanta.

VILLANUEVA DEL ARZOBISPO

Nuestro itinerario termina en la ciudad de **Villanueva del Arzobispo**, cuyo nombre hace alusión al arzobispo don Pedro Tenorio, que pidió al rey Enrique III en el año 1396 el título de villa para esta población, cuyo nombre antiguo era el de La Moraleja, separándose definitivamente de Iznatoraf. En la actualidad Villanueva del Arzobispo cuenta con 8.736 habitantes y su principal actividad económica está vinculada al olivar, contando la ciudad con un gran número de cooperativas de aceitunas y teniendo gran fama su aceite de oliva virgen.

las manos y le sacasen los ojos en un monte. Dolorida, invocó a María Santísima de los cristianos. Sedienta por falta de sangre escuchó una fuente cercana y al tocar el agua con sus heridas halló restituidas milagrosamente manos y ojos viendo a María Santísima de la Fuente Santa». Sobre este milagroso manantial narrado en la leyenda se edificó la actual ermita de la Fuensanta. Despés de visitar el santuario, tomaremos dirección a Villanueva del Arzobispo, población situada a tan sólo 2 km.

Entre sus monumentos destacan la Iglesia de San Andrés, del siglo XVII, con planta en forma de cruz latina, y la portada es de principios del siglo XVII, con el escudo del obispo don Sancho Dávila. Conviene visitar el convento de las Dominicas de Santa Ana, de finales del siglo XVI, donde las monjas realizan y restauran bordados en oro. Otros monumentos interesantes son la Ermita de la Vera Cruz y la Plaza de Toros de estilo neomudéjar, construida en 1928.

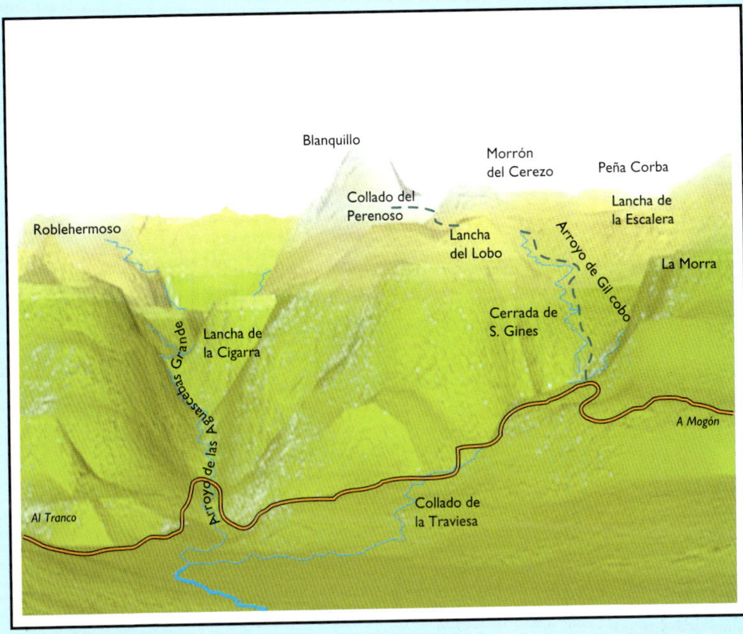

RUTA A PIE. ARROYO GIL COBO (1.300 M)-COLLADO DEL PERENOSO (1.550 M)

Cruce de la carretera transversal de Las Villas con el arroyo de Gil Cobo, que queda a nuestra derecha, a 10 km del embalse de Aguascebas viniendo de Mogón.

250 m.

1 h 30' (Hasta el Collado del Perenoso)

Aunque la pista por la que transcurre nuestro itinerario permanece abierta en determinadas épocas del año, ésta se encuentra en mal estado, por lo que conviene realizar nuestro recorrido a pie para poder observar con detenimiento la belleza de estos lugares.

Comenzamos a caminar por el barranco que forma el **arroyo de Gil Cobo**, conocido también como **arroyo de las Aguascebas de la Cueva del Agua**, que queda a nuestra izquierda. A unos 250 metros nos encontramos con una fuente a la derecha, y algo más arriba, en la otra orilla del arroyo, podemos contemplar algunos ejemplares de tejo *(Taxus baccata)* y de acebos *(Ilex aquifolium)*, y en los prados y en las cunetas, a finales de invierno, podemos observar las amarillas flores de la *Primula vulgaris.* Nos llama también la atención la abundancia de boj *(Buxus sempervirens)* que hay junto al arroyo. A unos 20' del punto de partida llegamos a la **Cerrada de San Ginés**, donde atravesamos el arroyo, y unos metros más arriba, en un lugar despejado de vegetación, encontramos un cruce de pistas; la de la derecha nos conduce a **Peña Corba**; nosotros tomaremos la de la izquierda después de cruzar el

arroyo de la Espinarea. Muy cerca de este lugar encontramos, a nuestra derecha, otra fuente en la cuneta, donde fluye el agua a través de una teja. Vamos ascendiendo suavemente por la pista entre un pinar de laricio *(Pinus nigra)* y a nuestra izquierda podemos observar, entre el arroyo de la Espinarea y la Lancha del Lobo, algunos pequeños prados habitados antaño (como testigos quedan algunos árboles frutales). Más adelante, atravesamos el arroyo entre una gran bojeda en buen estado de conservación; entre ésta sobresalen algunos ejemplares de gran tamaño de acebo *(Ilex aquifolium)*, y entre las plantas del sotobosque podemos observar el laurelolo *(Daphne laurelola)* y la zarzamora *(Rubus ulmifolius)*. Conforme vamos ganando altura el bosque da paso a una zona despejada: a nuestra izquierda queda la **Lancha del Lobo**, donde destaca un bello sabinar *(Juniperus phoecinea)*, con ejemplares de pino laricio *(Pinus nigra)*, y entre los arbustos podemos encontrar el enebro rastrero *(Juniperus communis)* y, cerca de la pista, el heleboro *(Helleborus foetidus)*, la mejorana *(Thymus mastichina)* y en las zonas con agua los juncos. Poco después coronamos el **Collado del Perenoso**. Desde este lugar podemos observar al frente los **picos de la Torquilla, Piedras Morenas** y **el Morro de los Tres Términos**, por confluir en ese lugar los términos de Iznatoraf, Villacarrillo y Santiago de la Espada. A nuestra derecha se alza la mole caliza del **Blanquillo** (1.830 m), la cumbre más alta de la Sierra de Las Villas.

Aunque nuestro recorrido termina en este lugar, desde el mismo podemos ascender hasta el Blanquillo por una senda que sale a la derecha del collado. Después de salvar un repecho podemos ver la senda que hacia la izquierda nos conduce hasta el Blanquillo tras caminar durante 1h 30'. Desde esta cumbre podemos ver la Sierra de Las Villas y las Sierras de Segura y Cazorla, con el valle alto del Guadalquivir y el embalse del Tranco.

Collado del Perenoso.

Prímulas en Gil Cobo.

Si continuamos por la pista, una vez pasado el collado, comenzamos a descender bruscamente y nos internamos en un bosque de pino laricio y, transcurridos unos 2 km, encontraremos una bella fuente a nuestra derecha.

Destacan en este recorrido la vegetación del barranco del arroyo de Gil Cobo, propia de latitudes más norteñas de la Península Ibérica, con plantas muy raras en Andalucía como el boj, el acebo y el tejo. En las aguas de este arroyo podemos observar a la trucha común, y en las mismas busca su alimento el mirlo acuático, que podemos sorprender posado en las rocas que emerjen de las aguas del arroyo. Otro atractivo de esta ruta es el paso de una zona fresca y con abundante agua, como es el barranco del arroyo de Gil Cobo, a las laderas de solana donde se aclimata una formación singular de esta serranía: se trata de los sabinares de sabina mora, muy bien representada en esta zona del Parque. Estas sabinas crecen a manera de arbustos, no llegando a alcanzar los 8 m de altura. Entre sus características se encuentra la forma piramidal de su copa y, aunque suelen aparecer aisladas, a veces, como en este caso, forman pequeños bosquetes sobre las calizas.

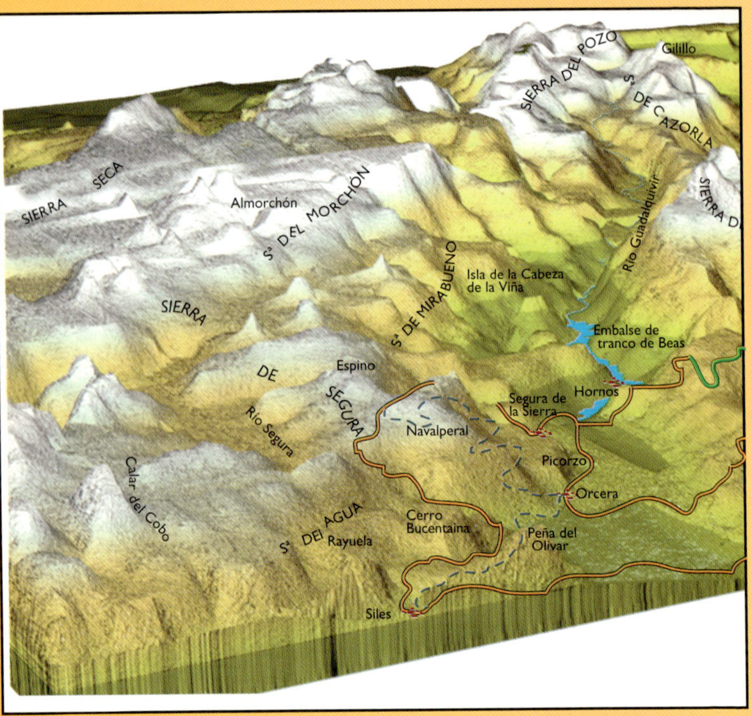

RUTA-5

GÉNAVE-TORRES DE ALBÁNCHEZ-BENATAE-SILES-LAS ACEBEAS

GUÍA DE SERVICIOS

ALOJAMIENTOS HOTELEROS

Puente de Génave

Hotel Sierra de Segura **
Avda. de Andalucía, 146.
☎ (953) 435207

Pensión Los Camioneros *
Avda. de Andalucía, 115.
☎ (953) 435208

Pensión Los Camioneros II *
Ctra. Córdoba-Valencia, 222.
☎ (953) 436033

Hotel San José *
Avenida de Andalucía, km. 229.
☎ (953) 435207

Siles

Hostal San Antón *
Ctra. de Hellín, 22.
☎ (953)490051

Pensión Cruz *
Calle Ladera, 3.
☎ (953) 490231

CÁMPINGS

Siles

Río Los Molinos.
2ª categoría
Carretera de Las Acebeas, km. 1.
☎ (953) 491003

Fuente de la Canalica.
1ª categoría
Carretera de Las Acebeas, km.6.
☎ (953) 126102

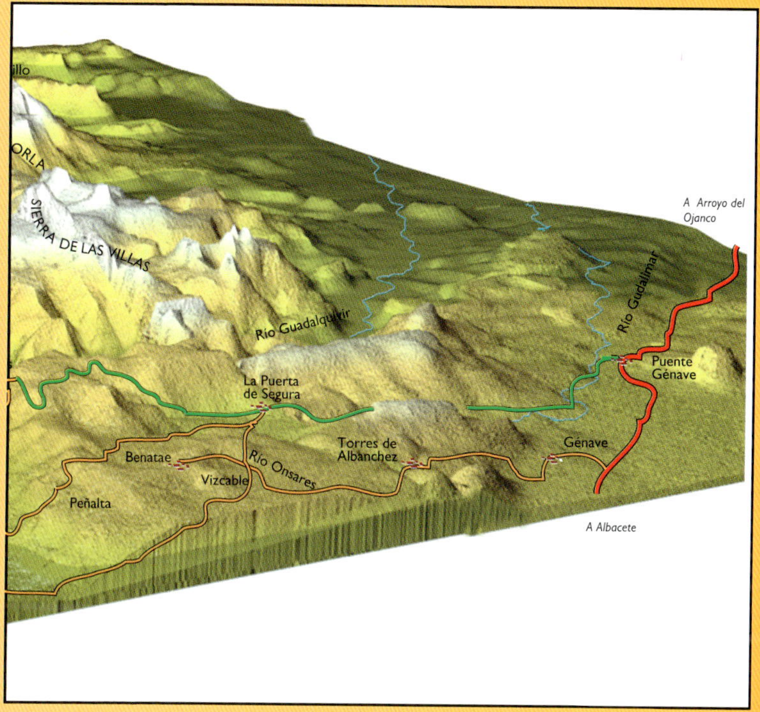

TURISMO RURAL

Siles

Albergue Rural Molino de los Moros.
☎ (953) 490459

Casa Rural Fuente del Cerezo.
☎ (953) 496163

Casa Rural La Pendolera.
(a 6 km. de Siles). ☎ (953) 126035

SERVICIOS VARIOS

Benatae

Ayuntamiento.
☎ (953) 480378

Génave

Ayuntamiento.
☎ (953) 493053

Siles

Jardín Botánico de
la Peña del Olivar
Carretera de Las Acebeas, km 2.

Ayuntamiento.
☎ (953) 490011

Guardia Civil.
☎ (953) 491145

Torres de Albanchez

Ayuntamiento.
☎ (953) 494005

Guardia Civil.
☎ (953) 494002

RUTA 5. GÉNAVE-TORRES DE ALBANCHEZ-BENATAE-SILES-LAS ACEBEAS

En esta ruta, que transcurre por la Sierra de Segura, vamos a conocer la parte más norteña del Parque. En ella se localizan los municipios de Benatae, Génave, Siles y Torres de Albanchez. Sus paisajes se encuentran salpicados de olivares que se desarrollan en sus valles, entre los que sobresalen el del río Onsares, al pie de la Sierra de Calderón (1.231 m). Nos internaremos en uno de los bosques más interesantes del Parque, con una formación única en Andalucía, el acebo. Y ascenderemos a dos de sus cumbres más emblemáticas: el Cambrón (1.550 m), que forma límite con la vecina provincia de Albacete en Castilla-La Mancha, y Navalperal (1.620 m), desde el que podemos tener una amplia visión de la mayor parte de la Sierra de Segura.

Génave.

GÉNAVE

A **Génave** podemos llegar a través de la carretera N-322. El desvío a esta población se encuentra a algo más de 12 km de Puente Génave a la derecha. Desde este cruce, tras recorrer 4 km, llegamos a Génave, población que cuenta con 800 habitantes.

Génave perteneció a la Encomienda de Segura de la Orden de Santiago desde el siglo XIII, y a mediados del siglo XVI obtuvo el título de villa, independizandose de Segura. Destacan entre sus edificios la Torre de la Tercia y la iglesia de la Purísima Concepción, de una sola nave cubierta por armadura, construida entre la segunda mitad del siglo XIV y el siglo XVI, en su interior podemos observar un altar realizado en piedra y un artesonado en el coro.

Celebra fiestas en honor de la Virgen del Campo del 24 al 26 de septiembre y las del turista del 16 al 18 de agosto. Son tradicionales los trabajos de artesanía realizados con esparto. Es de destacar en Génave, el que sea la población pionera en España en la elaboración de aceite ecológico, bajo la marca «Oro de Génave», un producto fruto del cultivo tradicional en el que no se utilizan productos químicos. Además, la comarca cuenta también con una denominación de origen en sus aceites «Sierra de Segura».

Torres de Albanchez.

De Génave partimos por la carretera que conduce a Villarrodrigo y a Torres de Albanchez. Ascendemos entre olivares hasta el **Collado de los Yesos**, desde el que podemos divisar hacia el norte las llanuras manchegas y al sur la Sierra de Segura. Cuando llevamos 6 km nos encontramos con el cruce a **Villarrodrigo** que sale a nuestra izquierda, nosotros continuamos a la derecha y unos metros después, a nuestra izquierda, hay un camino que nos conduce a la aldea de **Fuente Carrasca**, situada a 2 km de la carretera; junto a ésta tenemos buenos ejemplares aislados de encinas y quejigos. Unos 500 metros más abajo a nuestra derecha se encuentra la **ermita de la Virgen del Campo**, patrona de Torres de Albanchez, donde se celebra una romería en mayo. 2 km más y llegamos al **Collado Mahón**, entre olivares y bosquetes de pino carrasco *(Pinus halepensis)*, con romero *(Rosmarinus officinalis)*, aulaga *(Ulex parviflorus)*, coscoja *(Quercus coccifera)* y retama *(Retama sphaerocarpa)*. Desde este collado hay 2 km hasta Torres de Albanchez.

TORRES DE ALBANCHEZ

Esta población, con 1.140 habitantes, se sitúa en la ladera del **cerro Castillo de Torres** (1.145 m), que se encuentra al norte del pueblo con amplios pinares, y al sur destacan sus huertas y olivares. Como el resto de las poblaciones segureñas, Torres de Albanchez perteneció a la Orden de Santiago. Fueron los Caballeros de Santiago los que construyeron entre los siglos XIII y XIV una fortaleza, de la que aún podemos contemplar uno de sus torreones realizado en manpostería y reforzado con sillares en sus esquinas, encontrándose inmerso en el casco urbano. También destaca la iglesia de la Virgen de la Presentación y los miradores que dan al **valle del Guadalimar**.

Zorro. *Valle de Onsares.*

Entre sus fiestas destacan la romería de la Virgen del Campo y las fiestas del «Ocho de Torres» que tienen lugar el 8 de septiembre. Son también típicos sus encierros, la artesanía del esparto y la elaboración de licores, miel conservas y frutos.

Desde Torres de Albanchez, y antes de proseguir camino hacia Siles, tomamos una desviación que hay a la salida de la población, a la izquierda, que nos indica la dirección a Onsares. Nuestro recorrido transcurre paralelo al valle del **río Onsares**, por un paisaje de margas rojizas, donde abundan los olivares y los bosquetes de encinas *(Quercus ilex ballota)* y pino carrasco. A 7 km nos encontramos con un cruce que nos conduce a la aldea de **Los Maridos** y 2,5 km más arriba llegamos a la aldea de **Onsares**, un núcleo urbano disperso por la montaña y atravesado por el **río Onsares** y el **arroyo de las Quebradas**. Ya desde aquí podemos contemplar a nuestra derecha la mole del **Cambrón** (1.550 m), al cual podemos llegar en una de las rutas a pie.

Regresamos sobre nuestros pasos de nuevo a Torres de Albanchez, y desde aquí tomamos la dirección La Puerta de Segura y Siles, a 5 km nos encontramos con un cruce que nos indica a la derecha La Puerta de Segura, y a la izquierda Siles, que será la dirección que nosotros tomaremos. Previamente podemos desviarnos al frente para visitar la población de Benatae que se encuentra a 6 km de este punto, antes de proseguir nuestro viaje hacia Siles.

Graellsia isabelae.

BENATAE

Benatae es una pequeña población de unos 600 habitantes, situada al sur de Peñalta (1.412 m), perteneció a la Encomienda de Segura y a la Orden de Santiago, hasta que en el año 1.415 consiguió el título de villa. Entre sus monumentos destacan la Iglesia de Nuestra Señora de la Asunción, que tiene un interesante coro realizado en madera que data del siglo XVI y entre los soportes que sostienen la cubierta, en uno de los capiteles entre las hojas de acanto, aparece tallada la cabeza de un macho cabrío. Son también de interés en sus aledaños las ruinas del castillo de Cardete y Puente Honda.

Celebra fiestas para San Marcos el 25 de abril, San Isidro el 15 de mayo y la Feria de San Ginés en agosto, con encierros de toros.

De Benatae, regresamos de nuevo al cruce con La Puerta de Segura y Siles, población que queda a 9 km de aquí. La ruta transcurre ahora por el valle que forma el río Guadalimar, entre cultivos, después de cruzar un puente sobre el Guadalimar aparece un pinar de repoblación de pino carrasco, y poco después llegamos a **Siles**.

SILES

Situada en el extremo norte del Parque, a a tan sólo 5 km de la provin-

LA GRAELLSIA ANDALUZA

La *Graellsia isabelae* es la mariposa endémica más famosa de España y para algunos la más bella de Europa. Descubierta por Graells en el año 1849, en los pinares de la Sierra de Guadarrama, la bautizó con el nombre de *isabelae* en honor a la reina Isabel II.
Esta mariposa nocturna, una de las joyas de la fauna de estas sierras, es conocida con el nombre de *Graellia isabelae Ceballosi,* por tratarse de una subespecie descubierta en el año 1942 por Gonzalo Ceballos y Fernández de Córdoba, que por aquel tiempo era catedrático de Entomología de la Escuela Superior de Ingenieros de Montes de Madrid. El descubrimiento partió porque un grupo de alumnos suyos se encontraban en la sierra de prácticas, y en la Nava de San Pedro encontraron un ejemplar que guardaron para enseñárselo a su profesor, con tal fatalidad que se les escapó. Este hecho motivó la curiosidad de Ceballos que no dudando de los conocimientos de sus alumnos, programó un viaje a la sierra para comprobar si aquellos estaban en lo cierto.
El mismo día que Ceballos llegó de Madrid, es decir el 15 de julio de 1942, paseando por la sierra en las ramas de un pino laricio el profesor encontró una oruga de *Graellsia,* y en días sucesivos recolectaron otras cinco orugas de la especie. Dos de las cuales, tal y como nos relata Alfredo Benavente Landínez, estudioso y gran conocedor de esta especie, se las llevaron a Madrid para entregárselas al eminente entomólogo Ramón Agenjo y Sicilia el cual las crió en cautividad hasta que crisalidaron y salieron del capullo las mariposas.

«El Cubo». Siles.

cia de Albacete, cuenta con 2.900 habitantes. Perteneció a la Orden de Santiago, hasta que en 1397 el Maestre Suárez de Figueroa le concedió el título de Villa, en esta población nació Juan Simón Cabeza, que fuera capellán de los Reyes Católicos. Entre sus monumentos destacan la parroquia de Nuestra Señora de la Asunción, la cual posee en su interior una parte gótica y otra del siglo XVIII con bóveda de cañón (la torre de esta iglesia es una original construcción que posee un pasadizo con arco de medio punto por el que transcurre una calle) y la ermita de San Roque, donde se venera la imagen del santo y se desgusta la carne en la caldera. Se conservan también restos de la antigua muralla y una torre cilíndrica denominada Torre del Cubo.

Entre sus fiestas destacan las de San Roque del 15 al 16 de agosto, con encierros de reses bravas; las de San Marcos, el 25 de abril, y la feria de final de septiembre. Entre sus tradiciones se encuentran el baile de las jotas serranas y la elaboración de productos de la matanza y los dulces típicos.

Desde Siles nos introducimos en la Sierra por la carretera de Las Acebeas, para lo cual salimos del pueblo por donde hemos entrado y tomamos un cruce a nuestra izquierda, que transcurre paralelo al **arroyo de los Molinos**. A tan sólo 2 km llegamos a la **Peña del Olivar**, lugar donde existe un Area Recreativa con piscina fluvial y un interesante Jardín Botánico de la Consejería de Medio Ambiente. De este lugar parte un sendero a la Peña del Olivar de 8 km y 2 horas de duración. Unos 400 metros más arriba a la izquierda nos encontramos con otro sendero a la Junta de los Arroyos de la Canalica y Los Molinos de 5 km y 1,5 horas de duración. La vegetación en esta zona está representada por el pino carrasco *(Pinus halepensis)*, con abundante romero *(Rosmarinus officinalis)* en el sotobosque, aparecen tambien plantas como el labiérnago *(Phyllirea angustifolia)* y el lentisco *(Pistacia lentiscus)*. Desde la Peña del Olivar comenzamos a ascender, entre el **Cerro Bucentaina** (1.395 m), que queda a nuestra derecha, y el **cerro Peña del Olivar** a nuestra izquierda, y a 5 km nos encontramos con el cruce a La Canalica, donde aparece el pino negral o resinero *(Pinus pinaster)*. En este cruce se encuentra el inicio de otro sendero, el del Pozo de la Nieve, de 1,5 km y 30' de duración.

LAS ACEBEAS

Continuando nuestro ascenso, a 5 km llegamos al campamento juvenil de **Las Acebeas**, donde existe una fuente. El pinar en esta zona está representado por el pino laricio *(Pinus nigra)*. Un km más arriba se encuentra, a la derecha, el cruce a la **Casa Forestal de Las Acebeas**, desde donde parte la ruta a pie a **Navalperal** (1.620 m).

Si continuamos por esta carretera, a 2 km nos encontraremos con un cruce, es el lugar conocido como la **Era del Fustal**, a la izquierda llegaremos a Río Madera o a la carretera de la cumbre (Garganta de Hornos), pudiendo enlazar con la ruta 7, a la derecha iremos a Segura de la Sierra, distante de allí 9 km, enlazando con la ruta 6.

Orquidea.

Casa Forestal de Las Acebeas.

RUTA 5. GÉNAVE-TORRES DE ALBANCHEZ-BENATAE-SILES-LAS ACEBEAS

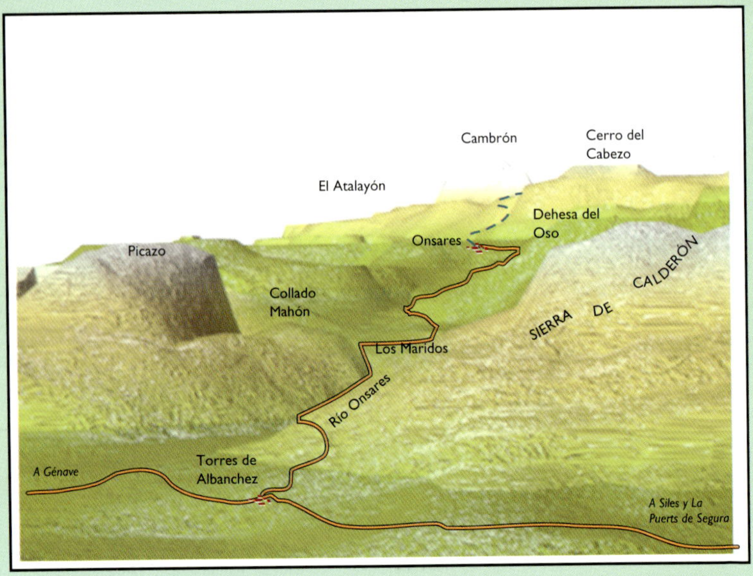

RUTA A PIE. DEHESA DEL OSO (1.100 M)-EL CAMBRÓN (1.550 M)

Desde la población de Torres de Albanchez, cogemos una desviación que encontramos a la salida del pueblo a la izquierda. Transcurridos 10 km por el hermoso valle del río Onsares, de tierras rojizas salpicadas de olivos y bosquetes de encinas, llegamos a la aldea de Onsares que aparece dispersa por el monte en varios grupos de casas. Antes de llegar al puente que da acceso a la misma, cogemos la pista que encontramos a nuestra derecha y que transcurre por un bosque de pino negral (*Pinus pinaster*), con abundante sotobosque de romero (*Rosmarinus officinalis*). Según subimos a 1,5 km encontraremos un cruce con una carretera asfaltada a nuestra izquierda. Nosotros seguiremos por la pista y algo más arriba nos encontramos con una bifurcación, continuando por la izquierda, después de recorrer 4 km desde Onsares, llegaremos a la Dehesa del Oso.

450 metros

2 horas (Hasta la cumbre)

Para realizar este recorrido conviene ir provistos de prenda para la cabeza, por la fuerte insolación que hay en el calar, así como de agua de la que podemos abastecernos en la fuente que hay en la Dehesa del Oso.

La ruta comienza en la zona recreativa de la **Dehesa del Oso**, lugar donde existe una Casa Forestal y una fuente. Antes de llegar a la Casa Forestal, a nuestra derecha encontramos una pista cerca de la fuente, que es por la que comenzaremos a caminar. El mal estado y el peligro de la misma en el último trayecto no hacen recomendable la subida por ella en vehículo. Transcurrido 1 km encontramos un cruce a la izquierda que dejamos, pues nos conduce a una aldea de la vecina provincia de Albacete. Nosotros seguimos ascendiendo por un bosque de pino negral o resi-

Subida al Cambrón.

nero *(Pinus pinaster)*, con algunas encinas *(Quercus ilex ballota)* y quejigos *(Quercus faginea)* dispersos por el mismo. En el sotobosque destacan plantas como el romero *(Rosmarinus officinalis)*, la retama de bolas *(Retama sphaerocarpa)*, la genista *(Genista cinerea)*, la retama negra *(Cytisus reverchonii)*, el jaguarzo *(Cistus albidus)*, el enebro *(Juniperus communis)*, el torvisco *(Daphne gnidium)*, la coscoja *(Quercus coccifera)* y el lentisco *(Pistacia lentiscus)*. Durante la accesión, a nuestra derecha podemos contemplar las paredes calizas del **Cambrón** (1.550 m). Más adelante cuando volcamos un collado que da vistas a la otra vertiente de la montaña, podemos contemplar una panorámica de la vecina provinca de Albacete. A algo más de 1 km más arriba, metidos ya en Albacete, llegamos al final de la pista, durante un trayecto donde el Cambrón queda a nuestra izquierda y el barranco que da vistas al valle de la Carrascosa a nuestra derecha. Desde este punto encontraremos a la izquierda una senda entre las rocas que después de caminar unos 15' nos llevará hasta lo alto del Cambrón. Durante este último tramo, podemos observar como la hiedra y algunas encinas se encaraman por las paredes del roquedo. Una vez en la cumbre podemos pasear por la meseta dando vistas a la provincia de Jaén por el oeste y a la de Albacete por el este. En esta meseta existen dos refugios de vigilancia

Perdiz.

Jaguarzo.

Calar del Cambrón.

de incendios. También podemos observar el interesante lapiaz que existe en este lugar, salpicado de algunos ejemplares sueltos de pino negral.

En esta ruta, que transcurre por el monte de la Dehesa del Oso, atravesamos una zona de baja montaña en sus primeros tramos y de alta montaña, conforme ascendemos a partir de la cota de 1.300 m. El bosque actual compuesto principalmente por el pino negral ha sustituido al antiguo encinar y quejigar del que quedan algunos ejemplos. La ruta transcurre por la zona más norteña del Parque y precisamente la cumbre del Cambrón se sitúa entre los límites provinciales de Albacete y Jaén. El principal interés de la misma radica en que desde la plataforma de este pico, de unos 700 m de longitud, formado por un lapiaz, modelo kárstico de disolución de las calizas, donde sobesalen las rocas formadas por aristas muy vivas, las vistas son espectaculares, pudiéndose observar terrenos de cuatro provincias, Jaén, Albacete, Granada y Ciudad Real. El vértice geodésico se sitúa en la provincia de Jaén.

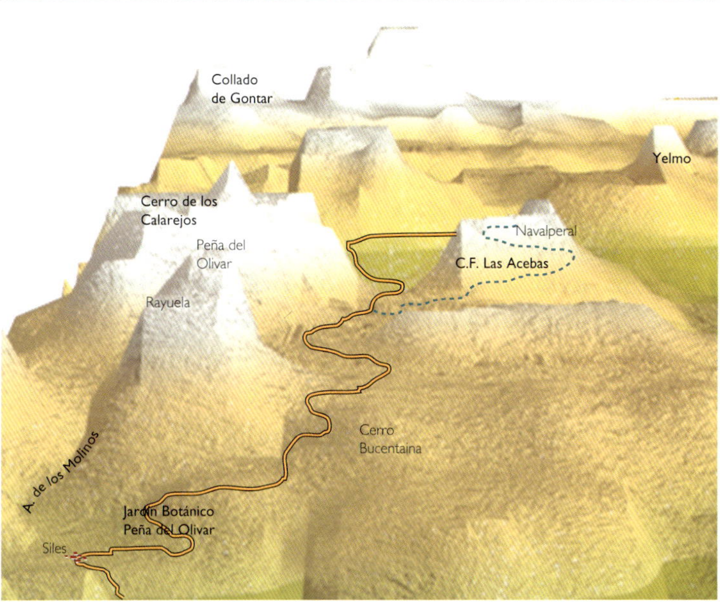

RUTA A PIE. LAS ACEBEAS (1.300 M)-CUMBRE DE NAVALPERAL (1.620 M)

Por una carretera forestal que parte de Siles a 13 km de esta población, encontramos una pista a nuestra derecha. Al principio de la misma dejaremos el vehículo.

320 metros

1,5 horas (Hasta la cumbre)

Ir provistos de agua, que podemos obtener en la fuente del campamento juvenil de Las Acebeas, situado a la izquierda de la carretera que traíamos, 1 km antes de este lugar, y de prenda para la cabeza.

Subiendo a pie por la pista forestal, a nuestra derecha queda el arroyo. Junto a éste se encuentra una formación vegetal sumamente interesante. Se trata de especies de distribución muy restringida en Andalucía, de carácter eurosiberiano, que han encontrado en estos bosques de la Sierra de Segura sus últimos refugios; entre ellas se encuentran el avellano *(Corylus avellana)*, el acebo *(Ilex aquifolium)* y la fresa silvestre *(Fragaria vesca)* y, en primavera, los prados cercanos a este arroyo se encuentran llenos de *Primula vulgaris*. Conforme ascendemos, en la primera curva a nuestra izquierda, encontramos grandes ejemplares de pino laricio o salgareño *(Pinus nigra)*; debajo de estos proliferan los helechos *(Pteridium aquilinum)*. A unos 700 m del comienzo llegamos a la **Casa Forestal de Las Acebeas**. Nosotros continuamos ascendiendo por la pista que gira a la izquierda, y nos introducimos en un denso bosque donde abundan los acebos a ambos lados del camino, que acompañan a plantas como el arce granatense *(Acer granatense)*, el espino majuelo *(Crataegus monogyna)*, la laurelola *(Dhpane lau-*

Subida a Navalperal.

reola), la encina *(Quercus ilex ballota)*, el quejigo *(Quercus faginea)*, el pino laricio *(Pinus nigra)*. El bosque en algunos lugares es impenetrable, abundando las lianas que forman las plantas trepadoras como las madreselvas *(Lonicera splendida)* y la hiedra *(Hedera helix)*. Conforme ascendemos encontramos también otras plantas como la retama negra *(Citisus reverchonii)*, la mejorana *(Thymus mastichina)* y el espliego *(Lavandula latifolia)*. Aparecen también algunos grandes ejemplares aislados de pino negral *(Pinus pinaster)*. Cerca ya de la cumbre, a unos 50 m pasado un enorme quejigo que queda a nuestra derecha, encontramos una vereda a la izquierda que tomamos para

Gavilán.

llegar a la misma. A ambos lados de esta vereda encontramos una planta característica de los desiertos de altura y calares de la sierra: el lastón. Una vez en la cumbre, encontramos una pequeña nava con algunos espinos. Nosotros tomamos la dirección de la izquierda buscando una vereda que, tras pasar junto a unos mojones de piedra y dar vistas a la otra zona de la sierra, nos lleva hasta la caseta de vigilancia de incendios que ya divisamos desde este punto. Una vez en el refugio (la puerta de éste se encuentra orientada hacia el **Calar del Espino** 1.722 m), y sobre el cual podemos divisar la caseta de vigilancia de incendios, haciendo un barrido al fondo se observa el **Almorchón** (1.915 m); el **Mariasnal** (1.825 m); las **Banderillas** (1.993 m) y, más cerca nuestra, el **Yelmo** (1.847 m); entre éste y nosotros la Era del Fustal y la carretera que viene de Segura de la Sierra, de cuya población se divisa la torre del homenaje de su castillo; al oeste podemos ver la Puerta de Segura, el valle

Cumbre de Navalperal.

Serbal.

del Guadalimar y Sierra Morena. Una vez en la cumbre podemos caminar por el vértice geodésico y dar vistas a la zona norte de la Sierra de Segura con los **picos de el Cambrón** (1.550 m) y el **Calar del Mundo** (1.631 m).

La ruta transcurre por el monte de Las Acebeas. Destaca en la misma su clima húmedo, lo que ha motivado la aclimatación de especies como el acebo y el avellano, especies ambas muy raras en Andalucía, esto unido a la grandes lluvias de la zona que superan los 1.100 milímetros anuales, hacen que nos encontremos en uno de los bosques más interesantes del Parque. La ruta nos permite atravesar en un principio este tipo de bosque y deleitarnos con las especies vegetales que en él podemos observar, para terminar coronando la cumbre de **Navalperal** desde donde tenemos una amplia visión de esta parte de la Sierra de Segura. La fauna es también abundante, sobre todo las aves, que encuentran en este tipo de bosque una fuente de alimentación importante, por la variedad de frutos de sus plantas. Los trinos de estos pájaros nos acompañaran durante toda la ruta, destacando entre los mismos, el mirlo común, el herrerillo común, el herrerillo capuchino, el carbonero común, el carbonero garrapinos, el mito, el reyezuelo, el trepador azul, el agateador común, etc.

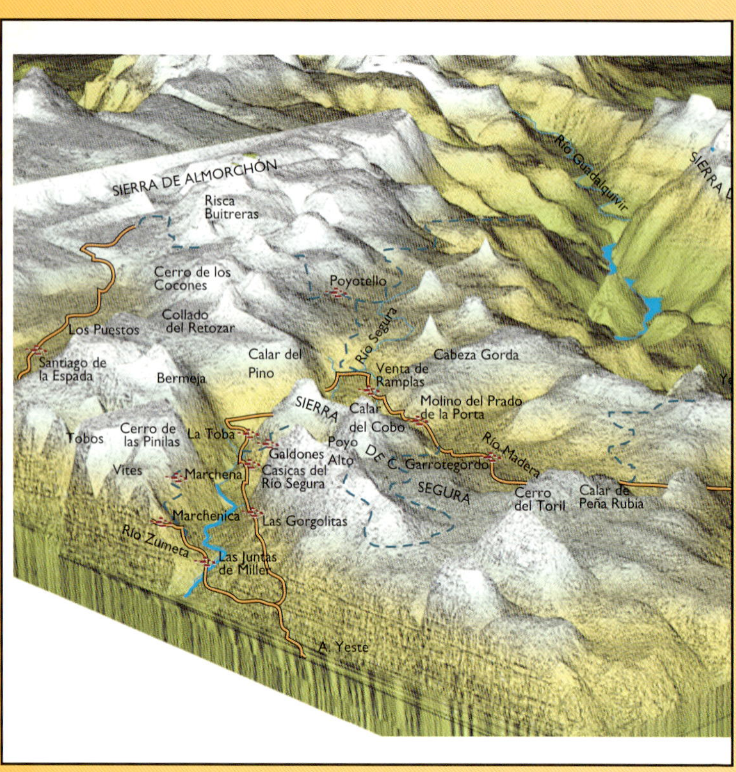

RUTA-6. LA PUERTA DE SEGURA-ORCERA-SEGURA DE LA SIERRA-SANTIAGO DE LA ESPADA

GUÍA DE SERVICIOS

ALOJAMIENTOS HOTELEROS

Orcera

Hostal La Montería **
Avenida de Andalucía, 35. ☎ (953) 480768
Pensión El Jardín *
Calle Caridad, 6. ☎ (953) 482161

La Puerta de Segura

Hotel Casa Paco *
Avenida de Andalucía, 73.
☎ (953) 486193
San José
Ctra. Córdoba-Valencia, s/n.
☎ (953) 486293

Santiago de la Espada

Hotel San Francisco **
Avda. de Andalucía, 33. ☎ (953) 438072

Hostal Baños
Aldea de La Matea. ☎ (953) 437142

Segura de la Sierra

Hostal Jorge Manrique
Calle Ordenanzas del Común, 4.
☎ (953) 480380

CÁMPINGS

Segura de la Sierra. (Arroyo Maguillo)

Garrote Gordo
3ª categoría.
Ctra. de Río Madera-La Toba.
☎ (953) 126159

TURISMO RURAL

Santiago de la Espada

Prado de la Presa
Venta del Pescador.
☎ (953) 433727
Aldea de La Toba
Casa Rural Inocente
☎ (953) 433728
Embalse de las Anchuricas (La Toba)
El Molino. ☎ (953) 433770

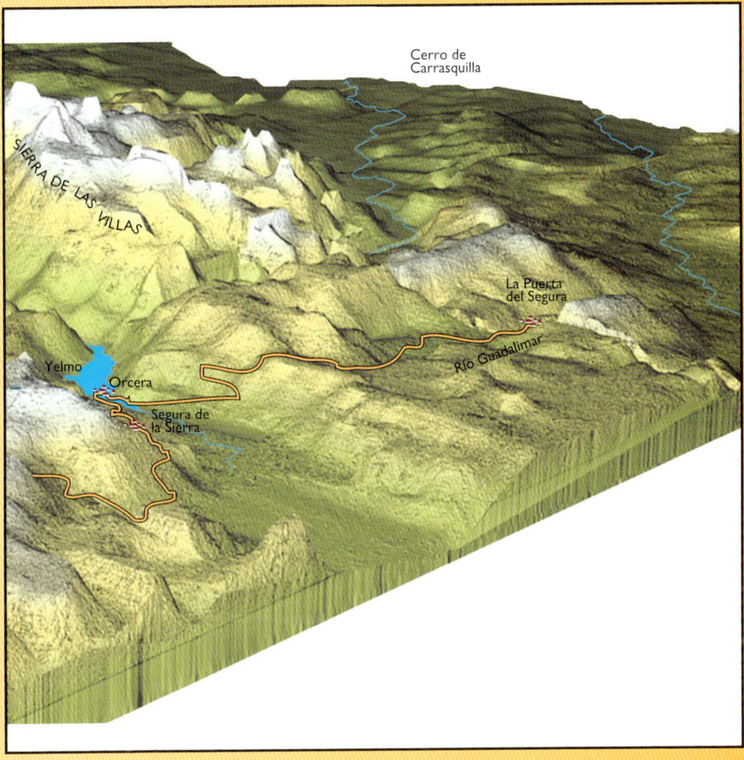

Aldea de Miller

Casa Rural Robles
Calle Puerta del Salón, 1. ☎ (953) 433757
Casa Rural Asunción
Calle Puerta del Salón, 8. ☎ (953) 433756
Casa Rural María
Calle de Arriba, 3. ☎ (953) 433795

Aldea de Marchena

Casa Rural Chelo. ☎ (953) 437722

Segura de la Sierra

Aldea de Río Madera
Hostal Río Madera *. ☎ (953) 126204
Aldea Cabeza Gorda
Casas Rurales Cabeza Gorda
☎ (953) 752759

SERVICIOS VARIOS

Orcera

Asociación para el Desarrollo Rural de la Sierra de Segura
Mayor, s/n. ☎ (953) 482131
Ayuntamiento. ☎ (953) 480154
Guardia Civil. ☎ (953) 482018
Centro de Salud (Urgencias)
Avda. de Andalucía, 19.
☎ (953) 480207

La Puerta de Segura

Ecotur Tavara
San Mateo, 1. ☎ (953) 480326
Ayuntamiento. ☎ (953) 486002
Guardia Civil. ☎ (953) 487106
Oficina de Información Turística
Avenida Dr. Vigueras, s/n.
☎ (953) 487006

Santiago de la Espada

Ayuntamiento. ☎ (953) 438002
Guardia Civil. ☎ (953) 438005
Centro de Salud
Sallente, s/n. ☎ (953) 438082

Segura de la Sierra

Ayuntamiento. ☎ (953) 480280
Guardia Civil. ☎ (953) 480305

RUTA 6. LA PUERTA DE SEGURA–ORCERA–SEGURA DE LA SIERRA–SANTIAGO DE LA ESPADA

• RUTA 6. LA
TIAGO DE LA
RA DE LA SIE
GURA–ORCER
6. LA PUERTA
DE LA ESPAD
LA SIERRA–S
RA–ORCERA–
LA PUERTA D
SIERRA–SAN-
RCERA–SEGU-
JERTA DE SE-
PADA • RUTA
A–SANTIAGO
–SEGURA DE
TA DE SEGU-
DA • RUTA 6.
ANTIAGO DE

En esta ruta vamos a tener la oportunidad de conocer una importante fracción de la Sierra de Segura. El agua es el común denominador de la misma, comenzando por el valle del río Guadalimar, al principio de la ruta en La Puerta de Segura, hasta llegar a los cerrados valles de montaña de los ríos Segura, Madera y Zumeta, los dos últimos tributarios del primero. La ruta muestra paisajes que albergan maravillas naturales únicas, como nacimientos de ríos, fuentes caudalosas y bosques que guardan celosamente una flora y una fauna importante, y donde la presencia humana, constituida por los hombres y mujeres de la Sierra de Segura, se encuentra presente en poblaciones tan emblemáticas como Segura de la Sierra, baluarte desde la Edad Media de estos recónditos territorios, y Orcera, villa íntimamante ligada a los avatares de la Provincia Marítima de Segura de la Sierra. Los territorios que vamos a recorrer, en su mayor parte pertenecientes a los términos municipales de Segura de la Sierra y Santiago de la Espada, se encuentran

Los olivares con el Yelmo al fondo.

jalonados por multitud de pequeñas aldeas, que conforman un diseminado hábitat rural hoy venido a menos, pero donde se conservan muchas de las tradiciones heredadas de la antigua población montañesa.

LA PUERTA DE SEGURA

Accedemos a esta población desde la carretera N-322. A la altura de Puente Génave cogemos un cruce a nuestra derecha y, tras recorrer 5 km, llegamos a **La Puerta de Segura**, que como su nombre bien indica es la puerta natural de la Sierra de Segura a través del corredor que forma el **río Guadalimar**. La Puerta de Segura es una población que se encuentra al pie del **Cerro de Carrasquilla**, atravesada por las aguas del Guadalimar, que divide a la población en dos. Dependió de Segura de la Sierra con el nombre de La Puerta, y estuvo bajo el control de la Orden de Santiago. En el año 1833 consiguió el título de villa. En la actualidad cuenta con cerca de 3.000 habitantes los cuales han sabido vivir de cara al río que la cruza, como muestra de ello está su paseo fluvial y la playa artificial.

Entre sus monumentos destacan la iglesia parroquial de San Mateo, construida en el año 1821 por orden del infante Francisco de Paula, así como un edificio de planta circular, realizado en 1928 con destino a teatro. También podemos ver la torre del castillo, la Casa de la Tercia y sus barrios antiguos. Entre sus productos típicos se encuentran el aceite de oliva, con la denominación de origen de Sierra de Segura, los embutidos y algunos dulces caseros. Celebra fiestas por San Blas el 2 de febrero, con fuegos artificiales, y una feria de ganado en septiembre.

De La Puerta de Segura continuamos por la carretera que conduce a Siles, quedando el río Guadalimar a nuestra derecha, donde podemos observar la vegetación de su ribera compuesta principalmente por álamos *(Populus ssp.)*, fresnos *(Fraxinus angustifolia)*, sauces *(Salix ssp.)*, eneas *(Typha latifolia)*, carrizos *(Phragmites australis)*, y zarzamoras *(Rubus ulmifolius)*, entre otras especies. A 4 km de La Puerta dejamos la carretera por la que circulamos, y por la que podemos enlazar con la Ruta 5 (Génave-Torres de Albanchez-Siles), para girar a la derecha, atravesando un puente sobre el Guadalimar en dirección Orcera.

Pinguicola vallisneriifolia.

Sapo común.

ORCERA

A unos 7 km del punto anterior se encuentra la población de **Orcera**, situada en las faldas de **Peñalta** (1.412 m), con 2.400 habitantes en la actualidad. Dependió de Segura de la Sierra de la que fue arrabal y de la orden Mili-

Segura de la Sierra.

tar de Santiago. En el año 1837 se le otorgó el título de villa. Fue también sede del Tribunal de Marina, cuando estos montes constituían la Provincia Marítima de Segura de la Sierra –paradojas de la vida–, dependiente del Ministerio de Marina, que se otorgó el derecho sobre la tala y otras actividades en los montes comunales, y que organizaba la vida de los serranos, lo que trajo como consecuencia el odio y la apatía de éstos para con sus bosques, al verse desposeídos de sus medios de vida, sentimientos que con anterioridad a este ultraje no existían.

De sus monumentos destaca la iglesia de la Asunción, del siglo XVI, considerada Monumento Nacional, que posee bóvedas góticas en su interior y una portada manierista procedente del desaparecido convento de Santa María de la Peña y que constituye todo un símbolo para los segureños, puesto que en el desaparecido monasterio se firmaron en 1580 las Ordenanzas del Común de la Villa de Segura y su Tierra, ejemplo de armonía entre el hombre y la naturaleza. También podemos visitar en esta población la ermita del Calvario, la Fuente de los Chorros y ver el trazado de las calles de sus barrios, donde quedan ejemplos de la arquitectura popular de la sierra. Sus principales fiestas son las de la Asunción, del 12 al 15 de agosto, con encierros de toros, y la feria del Cristo de la Vera Cruz en septiembre. No faltan en estas fiestas, como en otras muchas poblaciones de la Sierra de Segura, el juego de los bolos serranos y los bailes de jotas serranas. Cerca de la población se encuentra una bella piscina fluvial en el lugar conocido como **Amurjo**.

De Orcera salimos en dirección a Segura de la Sierra, distante unos 6 km de esta población. Nada más salir de Orcera encontraremos a nuestra derecha, entre los olivares, las torres árabes de Santa Catalina, y comenzaremos a ascender hasta Segura de la Sierra, pueblo que divisamos ya desde Orcera.

SEGURA DE LA SIERRA

Conforme subimos por la carretera a **Segura de la Sierra**, nos impresiona

Segura de la Sierra. Puerta Nueva y Ayuntamiento.

la situación de esta población enclavada a 1.113 m de altitud, que además da nombre al río Segura y a esta sierra. Sus orígenes históricos se remontan a la Prehistoria, pero su máximo esplendor lo tuvo en el período musulmán, perteneciendo después de la reconquista a la Orden de Santiago, época en la que obstentó la capitalidad de la serranía. Con una población en la actualidad de 2.300 habitantes repartidos por sus pedanías, Segura de la Sierra está declarada Conjunto Histórico y no le faltan razones, porque sus habitantes pueden enorgullecerse de tener el pueblo mejor conservado de estas sierras. Un pueblo que embruja y que nos hace regresar a tiempos remotos.

A Segura de la Sierra entramos por la Puerta Nueva; junto a ésta se en-

Iglesia de Segura de la Sierra.

EL OCASO DEL ENCINAR

En la cuenca del río Segura, cerca de La Toba y del embalse de Anchuricas, un puñado de aldeas se repartían antaño a los pies del Calar del Pino (1.561 m) y del Calar del Cobo (1.794 m), entre ellas La Fresnedilla, Los Paulinos, Los Galdones y la Fuente del Esparto, y por encima de ellas los cerros de la Misa y de Poyo Alto (1.740 m). Las actividades principales de sus habitantes eran la ganadería y la agricultura. Las huertas eran regadas por las aguas de los arroyos de La Fresnedilla y del barranco de los Paulinos. Los cereales se plantaban en los calares, principalmente en el del Pino y al recoger la exigua cosecha de trigo el dicho popular decía «con éste y el que me falte para el año». En algo más de 6 km cuadrados de extensión antes de los años cuarenta llegaron a contarse más de 3.000 encinas en estos lugares. Las carrascas, como los serranos denominan a las encinas, se respetaban porque todas tenían su dueño. A principios de los años cuarenta la Administración sentenció la muerte de estos árboles al permitir a todo el mundo la recogida de bellotas, ramón y leña de las encinas, no reconociendo a los propietarios de las mismas que hasta ese momento las habían cuidado y respetado. Entre los años cuarenta y sesenta se llevó a cabo el expolio de estos encinares por los que habían sido propietarios hasta ese momento, que decidieron hacer leña de los árboles, ante los abusos que sobre los mismos se venían realizando por parte de otras gentes, con el consentimiento de la guardería que se cruzaba de brazos ante estos hechos. En la actualidad sólo unas cuantas encinas centenarias que lograron sobrevivir a ese expolio quedan esparcidas por el monte como testigos de lo que fuera un rico encinar de montaña. En paralelo a estos acontecimientos se comenzaron a plantar pinos que, entre los meses de octubre a febrero, empleaban a las mujeres y los hombres del entorno en las labores de repoblación. Estas repoblaciones que, salvo algunos casos, fueron desafortunadas, no se realizaron con especies autóctonas como la encina sino con otras foráneas, principalmente coníferas como el pino carrasco y el pino negral. Las mayores repoblaciones se llevaron a cabo entre 1965 y 1970, y se realizaron sobre los antiguos encinares mediterráneos de estas montañas, como lo demuestran algunos enclaves que se salvaron de dichas repoblaciones.

cuentra el actual Ayuntamiento, que fuera colegio de los jesuitas en el siglo XVI y donde destaca su portada renacentista. Otros monumentos son la Fuente Imperial renacentista con el escudo de Carlos V; la Iglesia Parroquial de Nuestra Señora del Collado, en cuyo interior se guarda una interesante escultura gótica en alabastro de la Virgen con el Niño, que conserva restos de policromía y que procedía del monasterio de la Virgen de la Peña; los baños árabes formados por tres naves cubiertas por bóvedas de cañón con claboyas y separadas por arcos de herradura, donde se situaban las salas frías, templada y caliente; la casa de piedra blasonada donde, según dice la tradición, nació el ilustre poeta Jorge Manrique (parece indudable que el poeta pasó aquí su infancia, con su madre y sus hermanos).

Pero si algo destaca en Segura de la Sierra es su castillo, fortaleza que con sus almenas y torres guardaba del enemigo a la ciudad. Está situado en un lugar inexpugnable, con tres recintos amurallados, de los que aún podemos ver varios lienzos. En la actualidad está restaurado y desde el mismo tenemos unas excelentes vistas de la población, del **pico del Yelmo** (1.847 m), de la Sierra de Segura, y en el horizonte, podemos ver hasta Sierra Morena. No cabe duda de lo estratégico del lugar donde se situó esta fortaleza, que tanta importancia tuvo como guardián de la frontera entre los reinos árabes y cristianos.

Segura celebra fiestas en honor de la Virgen del Rosario del 4 al 9 de octubre, con corrida de toros que se lleva a cabo en una plaza rectangular, que fue antigua caballeriza de la Orden de Santiago. Entre sus tradiciones destacan un taller artesano de cerámica y los productos de la matanza.

Tejones.

Desde Segura de la Sierra nos introducimos en la sierra a través del monte Cotos de la Villa. Atrás vamos dejando el pueblo, transcurriendo nuestra ruta entre un pinar de pino carrasco *(Pinus halepensis)* y pino negral *(Pinus pinaster)*, abundando en el matorral la coscoja *(Quercus coccifera)* y el romero *(Rosmarinus officinalis)*. A nuestra derecha queda la pista que nos conduce a la aldea de **Los Moralejos**, situada cerca del **río Trujala**. Poco más adelante, a 5 km de Segura de la Sierra, llegamos a un cruce, nosotros tomamos la dirección de la derecha (Río Madera). Conforme avanzamos tenemos unas excelentes vistas del valle del río Trujala y de la Sierra de Segura, pudiéndose divisar en días claros la **cordillera de Las Banderillas** (1.993 m). Unos 3 km más arriba lle-

Río Madera.

gamos a otro cruce, conocido como la **Era del Fustal**, (a la izquierda a 2 km se encuentran Las Acebeas, final de la Ruta-5); nosotros tomaremos la dirección de la derecha, y a 5 km encontramos a nuestra izquierda un cruce. Entre la pista que sale de este cruce y la carretera podemos encontrar algunos ejemplares del escaso roble melojo o rebollo *(Quercus pyrenaica)*, que se encuentra formando bosque junto con el pino laricio *(Pinus nigra)*, la encina *(Quercus ilex)* y el quejigo *(Quercus faginea)*. Podemos encontrar también especies como los serbales *(Sorbus torminalis, Sorbus domestica* y *Sorbus aria)*. El roble melojo, refugiado en la actualidad en algunos escasos enclaves de la Sierra de Segura, es una especie rara en la actualidad en el Parque, debido a las talas masivas que sufrió en tiempos pasados, por lo que antaño tuvo que ser mucho más abundante.

RÍO MADERA

Desde el punto anterior al cruce de la aldea de **Río Madera** distan 6 km, que transcurren por uno de los mejores bosques de pino laricio *(Pinus nigra)* del Parque, caracterizado por sus esbeltos y plateados troncos. A la aldea podemos desviarnos por la carretera que tenemos a nuestra derecha, encontrándose a pocos metros de la misma; si seguimos por esta carretera enlazaremos con la Ruta 6, en la carretera de

Cortijo de la Cañada del Saucar.

Embalse de Anchuricas.

la cumbre (de Hornos a Santiago). Volviendo de nuevo a la carretera por la circulábamos antes de desviarnos a Río Madera, pasados 4 km llegamos al cruce de **Garrote Gordo**, desde el que podemos realizar una excursión a pie de 2 km de distancia y unos 45 minutos de duración. A unos 3,5 km del punto anterior llegamos a la **Venta de Rampias** y, pasado el puente sobre el **arroyo de los Anchos**, a la izquierda nos encontramos con una pista que nos conduce a las aldeas de **Los Anchos, Prado Maguillo** y a la **Cañada del Saucar**, desde donde podemos iniciar la ruta a pie hasta el **Calar del Cobo** (1.794 m).

Nuestra ruta transcurre paralela al río Madera. En sus orillas abundan las plantas características del bosque galería, entre las que destacan el fresno *(Fraxinus angustifolia)*, los sauces *(Salix angustifolia, Salix fragilis* y *Salix elaeagnus)*, el olmo *(Ulmus minor)*, el álamo negro *(Populus nigra)*, el espino majuelo *(Crataegus monogyna)* y la zarzamora *(Rubus ulmifolius)*.

EL VALLE DEL RÍO SEGURA

A 8 km de la Venta de Rampias se encuentra un cruce a la derecha que nos indica la dirección de la **Huelga de Utrera**, lugar en el que las aguas del Madera se juntan con las del **río Segura**. El río Segura transcurren entre el monte de **Cabeza Gorda** (1.482 m) y el monte Despiernacaballos, con la Risca Buitreras (1.692 m). Desde la aldea que se encuentra a 1 km escaso de la carretera podemos realizar la ruta a pie hasta la **Cueva del Agua** y **Poyotello**. La Huelga de Utrera es una pequeña aldea de casas blancas, donde destacan sus huertas y su pequeña plaza donde domina un hermoso nogal.

A partir de este punto seguiremos el curso del río Segura que queda a nuestra derecha, y a nuestra izquierda el **Calar del Pino** (1.561 m). En el paisaje destaca el hermoso barranco que forma el río Segura y los impresionantes cortados que vemos en la otra margen del río. A 6 km de la Huelga de Utrera se encuentra el cruce de **La Toba**, una aldea dividida en tres pequeños núcleos, el primero Las Cuevas,

Embalse de la Vieja y truchas.

después La Toba propiamente dicha y, algo más arriba, La Molata. En la Toba encontraremos dos importantes razones para realizar un alto en el camino: una la hospitalidad de sus habitantes, la otra su importante nacimiento de agua, uno de los más caudalosos de la zona y que se encuentra a escasos metros de la aldea. De nuevo en la carretera a menos de 2 km del cruce de La Toba, a nuestra derecha se encuentran las **Casicas del Río Segura**, que se construyeron para alojar a los habitantes de la antigua aldea que quedó sepultada bajo las aguas del **embalse de Anchuricas** por los años cincuenta. Cerca de esta aldea podemos ver la iglesia que construyeron los habitantes de la zona, en la que emplearon tantos jornales como miembros tenía cada familia de la zona y las colas de dicho embalse, el cual, a pesar de su origen artificial, se ha integrado en la naturaleza, encajonado en este estrecho valle entre el **Calar del Cobo** (1.794 m), que queda a nuestra izquierda y los **Altos de Marchena** (1.691 m) a nuestra derecha. Tanto en las aguas cristalinas del Madera como en las del Segura, podemos encontrar aves como el mirlo acuático *(Cinclus cinclus)*, el martín pescador *(Alcedo atthis)*, la lavandera cascadeña (Motacilla cinerea); peces como la trucha común *(Salmo trutta fario)*, muy apreciada por los pescadores que llegan a esta zona desde diferentes puntos de España; y entre los mamíferos destaca la nutria *(Lutra lutra)*, especie asociada a los cursos de aguas limpias y oxigenadas. Continuando por la carretera, a 4 km encontramos, a la izquierda, el cruce a **Las Gorgollitas**, aldea diseminada a los pies del Calar del Cobo en un entorno de suma belleza. Continuando por la carretera que traemos llegamos a los cortijos del **Arroyo de la Quebrada** y, 2 km más abajo, al **Parralejo**, ambos situados al pie de la carretera. Nos bastarán tan sólo 3 km más para llegar a un cruce que se encuentra a nuestra izquierda y que nos conduce a la **Peguera del Madroño**, después de atravesar el arroyo de los Huecos Bañares. Un km más abajo nos encontramos con una caudalosa fuente conocida como **Fuente de los Cuatro Caños**.

EL VALLE DEL ZUMETA

Desde la Fuente de los Cuatro Caños a la **Juntas de Miller** hay 5 km. En este punto se juntan las aguas del **río Zumeta** con las del Segura. Nosotros cruzaremos el puente en dirección a Santiago de la Espada puesto que la otra carretera se introduce en la vecina provincia de Albacete. Una vez cruzado el puente, a la derecha encontramos una carretera que nos lleva hasta la aldea de **Miller**. Nosotros atravesamos un pequeño túnel y nos introducimos en el valle del río Zumeta o «Río Chico», como se le cono-

Vites.

ce por estos lugares, cuyo curso queda a nuestra izquierda. A la derecha está la **Loma del Calar de las Pinillas** (1.700 m), y a la izquierda, en la otra margen del río, la provincia de Albacete. A 3 km de la Juntas de Miller, a la derecha, encontramos el cruce a las aldeas de la **Muela, Marchena** y **Marchenica** regadas por el arroyo del mismo nombre. En este lugar, poco antes de la **Venta de Ticiano**, cruzamos un puente sobre el Zumeta, que ahora queda a nuestra derecha, y nuestra ruta transcurrirá durante unos km por la provincia de Albacete. 3 km más arriba se encuentra el pequeño **embalse de la Vieja** o de la Novia, como también se le conoce por estos lugares, del que una historia nos narra que por este lugar se despeñó una novia a la que llevaban a casar a Santiago de la Espada en contra de su voluntad. Por encima del embalse se encuentra el **Cerro de las Pinillas**. Continuando nuestra ruta atravesaremos por un puente y volveremos a introducirnos en la provincia de Jaén, y nos encontraremos con un cruce a nuestra derecha que nos indica **Prado Moro y Vites**; en esta última aldea, distante unos 2 km, tiene buena fama la elaboración de anís fuerte llamado «orujo». Continuando por la carretera, 1 km más arriba, atravesamos la aldea de **Tobos**, donde destacan su caudaloso nacimiento de agua y sus huertas, entre los arroyos de San Sebastían y de la Fuente. A medida que vamos ascendiendo nos separamos del barranco del Zumeta y, a 3 km de Tobos, llegamos a un mirador desde el que tenemos unas excelentes vistas de dicho barranco y de las Umbrías de Zumeta en la provincia de Albacete. Desde este punto distan tan sólo 8 km a la población de **Santiago de la Espada**. La carretera transcurre por debajo del **pico de Los Puestos** (1.785 m) y en la mitad del trayecto podemos contemplar uno de los encinares más bellos de la zona sobre calizas: se trata de abundantes ejemplares de encinas *(Quercus ilex ballota)*, junto con algunas sabinas *(Juniperus phoenicea)* y genista *(Genista cinerea)*. Una vez en Santiago de la Espada podemos enlazar con la Ruta 7 (Beas de Segura-Hornos-Santiago de la Espada).

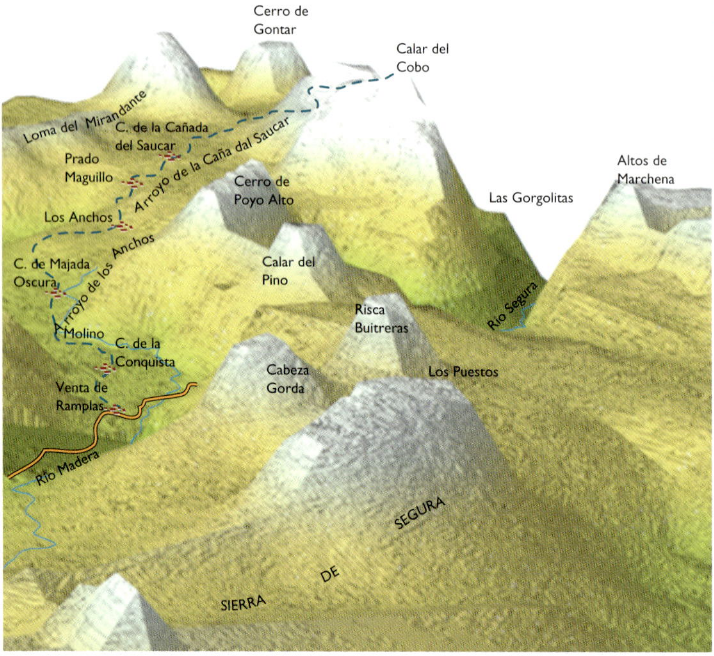

RUTA A PIE
VENTA DE RAMPIAS (1.100 M)-
CAÑADA DEL SAUCAR (1.400 M)-
CALAR DEL COBO (1.794 M)

En la carretera que va de Río Madera a las Juntas de Miller, a 8,5 km de Río Madera se encuentra la Venta de Rampias. En ésta, una vez que cruzamos el puente sobre el arroyo de Los Anchos, a nuestra izquierda encontramos una pista forestal que nos indica la dirección a la aldea de Los Anchos que nosotros tomaremos para realizar la primera parte de esta ruta en vehículo, aunque es optativa realizarla toda a pie, andando de esta forma 8 km, que son los que distan desde la Venta de Rampias a la Cañada del Saucar.

700 m.

2 h. (desde la Cañada del Saucar al Calar del Cobo).

En verano debemos ir provistos de prenda para la cabeza, pues la insolación en el Calar del Cobo es alta. Podemos proveernos de agua en las aldeas de la Venta de Rampías, Los Anchos o Prado Maguillo.

Desde la **Venta de Rampias** tomamos la pista en dirección a la aldea de Los Anchos, que transcurre por el monte denominado **Arrancapechos** y va paralela al arroyo del mismo nombre, que queda a nuestra izquierda, entre un bosque de pino laricio *(Pinus nigra)*. A nuestra izquierda se encuentra la **Loma del Mirandante** y a la derecha el **Cerro de Poyo Alto**. A unos 3 km a nuestra izquierda, en la otra orilla del arroyo sobre una loma, pode-

Aldea de Los Anchos.

mos observar una cortijada, se trata de la cortijada de **La Conquista**. Algo más arriba atravesamos el arroyo, que a partir de este punto quedará a nuestra derecha, y nada más cruzarlo nos encontramos con una pista a nuestra izquierda que conduce a la cortijada que hemos visto antes. Continuando nuestra ruta, a menos de 1 km a la izquierda de la pista, queda el **cortijo de Majada Oscura** y, 400 m más arriba, llegamos a la aldea de **Los Anchos**, en la cual existe una pequeña iglesia. A los pies de la aldea podemos ver sus antiguas vegas que llegan hasta el arroyo y, sobre las mismas, los farallones rocosos de las estribaciones de **Poyo Alto** (1.740 m) y del **Calar del Cobo** (1.794 m). Desde Los Anchos nos introducimos en el monte de la Cañada del Sahucar y, 1 km más arriba, llegamos a otro pequeño núcleo de casas: se trata de la aldea de **Prado Maguillo**. Desde aquí continuamos por la pista en dirección a la Cañada del Saucar; ahora el arroyo, que queda a nuestra derecha, recibe el nombre de esta cañada, y cerca del mismo podemos ver unos ricos pastos, y sobre los mismos, encaramándose por las laderas, un bello pinar de pino laricio. Después de recorrer unos 2,5 km, llegamos a un cortijo con varias viviendas, que queda a nuestra izquierda. Nos encontramos en la **Cañada del Saucar**, lugar donde dejaremos el vehículo, si hemos optado por subir en él hasta este punto, y donde comenzaremos nuestra ruta a pie hasta el Calar del Cobo. La Cañada del Saucar es una de las cañadas más bellas de la sierra. Este espacio despejado entre dos montes donde vegeta el pino laricio y regado por las aguas de un arroyo, es un lugar de gran cromatismo en el otoño, cuando los chopos de la ribera adquieren sus tonalidades ocres. El nombre

Cañada del Saucar.

Carlina betica.

Jabalí.

de esta cañada hace alusión a una especie vegetal abundante por la zona: se trata del saúco *(Sambucus nigra)* que se aclimata sobre suelos frescos y húmedos, en las orillas de los cursos de agua. Frente al cortijo veremos una pista que sale a nuestra derecha y que cruza el arroyo, comenzando a ascender a pocos metros por el monte **Loma del Calar del Pino**, entre un bosque de pino laricio y donde quedan algunas encinas *(Quercus ilex ballota)* dispersas entre el pinar; el matorral está formado por la retama negra *(Cytisus scoparius)*, el laureolo *(Daphne laureola)*, el arro *(Berberis hispanica)*, el espino majuelo *(Crataegus monogyna)*, el lastón *(Helictrotichon filifolium)* y el enebro rastrero o enebriza *(Juniperus communis)*. Conforme vamos ascendiendo tenemos unas buenas vistas de la Cañada del Saucar, y cuando llevamos recorridos 1,5 km, llegamos a un collado desde el que podemos ver ya el Calar del Cobo. 1 km más arriba, en el fondo del valle a nuestra derecha, podemos ver las aldeas de Prado Maguillo y Los Anchos. Nos bastará recorrer sólo 500 m más para contemplar el calar en toda su majestuosidad y algo más adelante llegamos a una tinada para el ganado. Antes de llegar a la misma, a nuestra izquierda, podemos observar la formación de una pequeña sima, fruto de los efectos del modelado kárstico en esta zona. Desde aquí unos 20' andando serán suficientes para dar vistas a la otra vertiente del calar y al valle del río Segura. A esta altura la vegetación está constituida principalmente por plantas espinosas como el espino majuelo, la enebriza, el piorno azul *(Erinacea anthillys)*, este último especialmente abundante, y en la pista, junto a la cual crece la zamarrilla blanca. La huella del hombre también se

Cumbre del Calar del Cobo.

encuentra presente en estas alturas, puesto que los calares han sido los lugares preferidos por el serrano para plantar cereales, en especial el centeno y la cebada (como vestigio de estas plantaciones quedan los bancales de piedra caliza que servían para sujetar la tierra). Unos 15' más y llegamos a la caseta de vigilancia de fuegos del Calar del Cobo; desde aquí las vistas son excepcionales: al oeste la **cumbre del Yelmo** (1.847 m) y, desde este pico y haciendo un barrido hacia el sur, podemos ver numerosas cumbres; entre ellas, en la lejanía, las **Banderillas** (1.993 m), el **Almorchón** (1.903 m) y la **Sagra** (2.300 m); más cerca de nosotros el **Cerro de Poyo Alto** (1.740 m) y, hacia el norte, el **Calar del Espino** (1.722 m). Por debajo de nosotros se encuentra el valle del río Segura y el embalse de Anchuricas, y podemos ver las aldeas de la **Fuente del Esparto, la Toba, las Gorgollitas, el Madroño** y la **Peguera del Madroño**. Podemos asomarnos con cuidado a los puntales para poder ver las excelentes vistas que desde este calar único podemos contemplar. El Calar del Cobo es una planicie de más de 5 km de longitud por la que podemos caminar y observar los efectos del modelado en estas cotas por encima de los 1.600 m.

Uno de los principales atractivos de esta ruta es precisamente la belleza y lo abrupto del Calar del Cobo, así como las amplias vistas que desde el mismo tenemos del valle del río Segura a su paso por la sierra que lleva su nombre. No es menos atractivo el contemplar a vista de pájaro el embalse de Anchuricas y el rosario de aldeas que se distribuyen por este valle y sus aledaños, así como la huella en el propio calar de las actividades agrícolas que se realizaban en el mismo. Entre la fauna destaca la presencia del buitre leonado (*Gyps fulvus*), que nidifica en algunos de los cortados que jalonan el valle del Segura; junto a éste con sus acrobáticos vuelos podemos ver también a las chovas piquirrojas (*Pyrrhocorax pyrrhocorax*) y, entre los arbustos y las rocas, nos sorprende el vuelo del acentor alpino (*Prunella collaris*), ave típica de estas zonas de alta montaña.

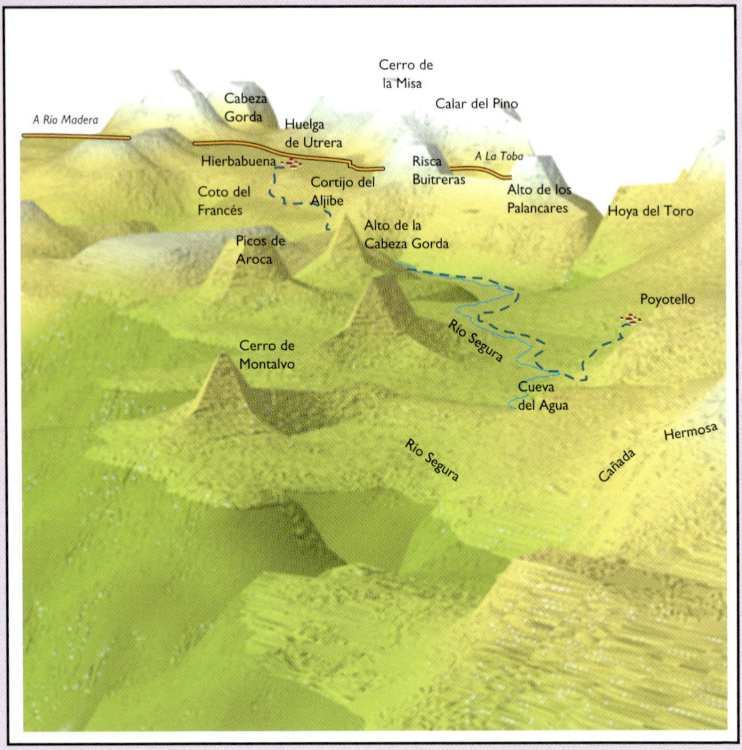

RUTA A PIE.
HUELGA DE UTRERA (1.000 M)-
CUEVA DEL AGUA (1.300 M)-
POYOTELLO (1.450 M)

En la carretera que va de Río Madera a las Juntas de Miller, a 14 km de Río Madera y 5 km antes de llegar a La Toba, se encuentra a nuestra derecha el cruce a la aldea de la Huelga de Utrera, tomamos la pista que conduce a la misma, y después de vadear el río Segura, a menos de 1 km, llegamos a esta aldea donde dejaremos el vehículo.

450 m.

2 h. (Hasta Poyotello)

Podemos proveernos de agua en la fuente pública que hay en la Huelga de Utrera y, una vez en la ruta, en la Cueva del Agua.

A a la entrada a la aldea de la **Huelga de Utrera**, existe un gran nogal y una fuente pública; a nuestra izquierda parte una pista que asciende por el monte conocido con el nombre de **Despiernacaballos**, del término municipal de Santiago de la Espada, y la cual se encuentra cerrada con una cadena. Desde este punto comenzaremos nuestra ruta a pie; los primeros 800 m transcurren por dicha pista, entre un pinar de pino laricio *(Pinus nigra)* salpicado de encinas *(Quercus ilex ballota)* y de arces *(Acer granatense)*, y en el sotobosque abunda la retama negra *(Cytisus scoparius)*, la dedalera *(Digitalis obscura)*, el majuelo *(Crataegus monogyna)*, el espliego *(Lavandula latifolia)*, el torvisco *(Dhpane gnidium)*, el heleboro *(Heleboro foetidus)* y el helecho común *(Pteridium aquilinum)*. El **río Segura** queda a nuestra derecha y tras él, por encima de la Huelga de Utrera, podemos ver los restos de la antigua cortijada de la **Hierbabuena**; cerca del río abundan los chopos *(Populus nigra)* y las zarzas *(Rubus ulmifolius)*. Cuando llevamos unos 15' termina la pista y comenzamos a caminar por una senda que transcurre junto a los paredones calizos de las estribaciones de la **Risca Buitreras** (1.692 m), que quedan a nuestra izquierda. A la derecha podemos ver las huertas de la Huelga de Utrera, y por debajo de las mismas, el barranco del río Segura, en el lugar conocido como el **Coto del Francés**. Si nos desviamos de nuestro camino, atravesando los bancales donde están las huertas, hasta el final de éstos, daremos vistas al río pudiendo contemplar los rápidos que éste forma en el angosto barranco. Continuando nuestra ruta, unos 15' más arriba, comenzamos una ascensión más acusada. En este punto debemos tener cuidado, debiendo tomar el camino de la izquierda que asciende separándose de la cuenca del río, pues el de la derecha baja al río y nos encajonamos en él. Conforme ascendemos nos introducimos en un pinar de laricio, donde también abundan los arces, y en el sotobosque el espliego y la retama negra, esta última muy abundante y que en primavera luce sus bellas flores amarillas. Algo más arriba llegamos a un collado, desde el que tenemos una buena vista del barranco a nuestra derecha y por detrás de éste el **Alto de Cabeza Gorda** (1.482 m), y a nuestras espaldas río abajo el **Calar del Pino** (1.561 m). Después de un pequeño descenso llegamos a la **Loma de Enmedio**; en este lugar entre las rocas crecen algunos tejos *(Taxus baccata)*, sabinas *(Juniperus phoenicia)*, piornos *(Echinospartum boissieri y Erinacea anthyllis)* y el lastón *(Helictrotichon filifolium)*. Nuestro camino sigue junto a las paredes calizas, donde abunda la hiedra *(Hedra helix)*, el ombligo de Venus *(Umbiculus rupestris)* y la viola *(Viola odorata)* y, junto al camino, encontramos la prímula *(Primula vulgaris)*. Podemos ver también los restos de la conducción de agua que desde la Cueva del Agua transportaba el líquido elemento hasta las huertas también llamadas de la Cueva del Agua, que quedan a nuestra derecha, y que eran cultivadas por los habitantes de la Huelga de Utrera y de Poyotello. Junto a las huertas, hoy abandonadas, crecen los chopos y a la vera del camino podemos ver el avellano *(Corylus avellana)* y algunos acebos *(Ilex aquifolium)*. A la otra orilla del río podemos ver otro estrecho barranco formado por el **arroyo de Patas** que desemboca en este punto en el Segura. Pasamos junto a una cueva que se encuentra a nuestra izquierda, cuyo techo está ennegrecido como consecuencia de las

Salamandra.

Zarzamora.

Cueva del Agua.

hogueras que en la misma hacían los antiguos pobladores que se resguardaban en la misma; en este punto subimos un pequeño repecho y seguimos por la senda de la izquierda que va pegada a las paredes de la roca; la senda de la derecha desciende hasta el **charco del Humo** y cruza el río por un viejo puente. Unos metros más arriba llegamos a la **Cueva del Agua**, formada por una gran oquedad en la pared caliza donde el agua emana por debajo de las rocas; en ella aún podemos observar los restos de la conducción de agua para el riego de las huertas y los muros de una tinada para el ganado, que se encuentra al fondo de la misma. Desde la Cueva del Agua parten dos caminos: una estrecha senda a la derecha que desciende buscando el río y que nos llevará hasta el cortijo del Mansegoso Bajo y a Pontones, distante de este punto unos 5 km, y otra senda más ancha a la izquierda que comienza a ascender por encima de la Cueva del Agua y que será la que nosotros seguiremos para llegar hasta la aldea de Poyotello, distante de este punto unos 25'. La senda va ganando altura por una zona despejada de arbolado, encontrándonos cerca de la aldea con un pinar de laricio a nuestra izquierda. Poyotello se sitúa por debajo del **Alto de los Palancares** (1.688 m), desde aquí podemos regresar sobre nuestros pasos o enlazar con la carretera de Pontones a Santiago de la Espada, distante unos 5 km de la aldea, en el lugar conocido como la **Hoya del Toro**.

Entre los atractivos naturales de esta ruta destaca el que la misma transcurra por los kilómetros más vírgenes y angostos del río Segura, cuyas aguas circulan por un cerrado barranco, entre los paredones verticales del Alto de Cabeza Gorda a la izquierda aguas abajo y la Risca Buitreras a la derecha, formando atractivos saltos de agua, por donde transitan sus famosas truchas comunes *(Salmo trutta fario)*, que se pescan en el Coto del Francés. La ruta además posee otro atractivo de origen atropológico, dado que la misma constituía antiguamente el paso habitual de las gentes que vivían en el valle del Segura, y que enlazaban por este camino con Pontones, encontrándose dicho camino jalonado de huertas, como las de la Cueva del Agua, cotijos como el de los Ladrones o el Mansegoso y antiguos molinos, hoy en ruinas, como el del Tio Loreto. Hasta mediados de siglo esta senda se encontraba transitada por arrieros, pineros, molineros y serranos que subían y bajaban de Pontones, antes de que existieran las actuales vías de comunicación. También estos lugares eran refugio para los perseguidos por la justicia –de aquí le viene el nombre al *Cortijo de los Ladrones*– y para los gitanos que, por su penuria económica, se refugiaban en las cuevas que jalonan el camino.

RUTA 7. BEAS DE SEGURA–HORNOS–PONTONES–SANTIAGO DE LA ESPADA

• RUTA 7. BE) DE LA ESPA-
DA • RUTA 7 TIAGO DE LA
ESPADA • RU ANTIAGO DE
LA ESPADA • ES–SANTIAGO
DE LA ESPAD ONES–SANTIA-
GO DE LA ES NTONES–SAN-
TIAGO DE E SEGURA
-HORNOS–P EAS DE SEGU-
RA–HORNOS A 7. BEAS DE

Esta ruta nos permite atravesar gran parte de la Sierra de Segura de oeste a este. Partiendo de la población de Beas de Segura, situada fuera de los límites del Parque, hasta los lugares más apartados de esta serranía, Pontones y Santiago de la Espada, esta última población cerca ya del límite provincial con Granada. En nuestro recorrido nos iremos adentrando en los bosques del Parque, desde las tierras salpicadas de olivares que trepan por las faldas de las montañas. A partir de Hornos de Segura ciudadela construida sobre la roca, penetraremos de lleno a través de una abrupta garganta en la agreste montaña segureña, donde se encuentran algunas de sus cumbres más emblemáticas, como es el caso del Yelmo o del Almorchón. Cruzaremos paisajes esteparios de la Alta Montaña andaluza, para más tarde llegar hasta el nacimiento del río Segura. Lugares donde la huella del hombre ha estado presente desde la Prehistoria.

Beas de Segura.

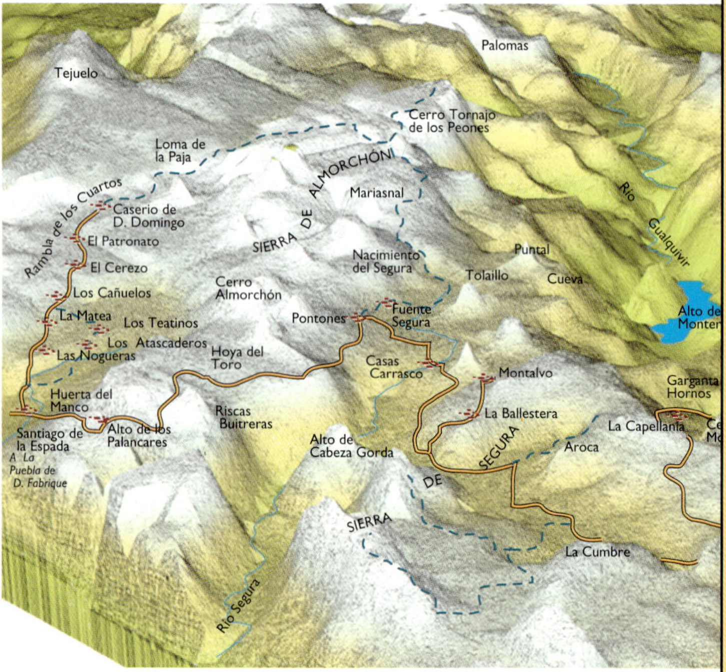

RUTA 7.
BEAS DE SEGURA-HORNOS-PONTONES-SANTIAGO DE LA ESPADA

GUIA DE SERVICIOS

ALOJAMIENTOS HOTELEROS

Arroyo del Ojanco

Hotel Arroyo **
Ctra. Córdoba-Valencia, km 215.
☎ (953) 420200

Beas de Segura

Complejo La Veguilla.
Ctra. Linares-Orcera, km 75.
☎ (953) 128032
Pensión San Antonio
Ctra. Córdoba-Valencia, km 208.
☎ (953) 425116
Cristina. Feria, 46. ☎ (953) 424031

Cortijos Nuevos (Segura de la Sierra)

Hospedería de Morciguillinas
Ctra. de Beas de Segura a Cortijos Nuevos.
☎ (953) 126152

Pensión Los Pinos
Ctra. del Ojuelo. ☎ (953) 496205

Hornos

Hostal «El Mirador» **
Puerta Nueva, 11. ☎ (953) 495019
Hostal «Los Parrales»
Ctra. del Tranco, km.9. ☎ (953) 126170
Pensión El Cruce *
Puerta Nueva, 7. ☎ (953) 495035
Mirador de La Luna (Casa Rural).
☎ (953) 496163
Hotel Losam **
Ctra. del Tranco Aldea de Cañada Morales.
☎ (953) 495088
La Veguilla
Ctra. del Tranco Aldea de Cañada Morales.
☎ (953) 496163

Santiago-Pontones

Hotel San Francisco **
Avda. de Andalucía, 25. ☎ (953) 438072
Hostal Baños
Aldea de La Matea. ☎ (953) 437142
Venta de Ticiano
Ctra. Juntas de Miller-Zumeta.
☎ (953) 437761

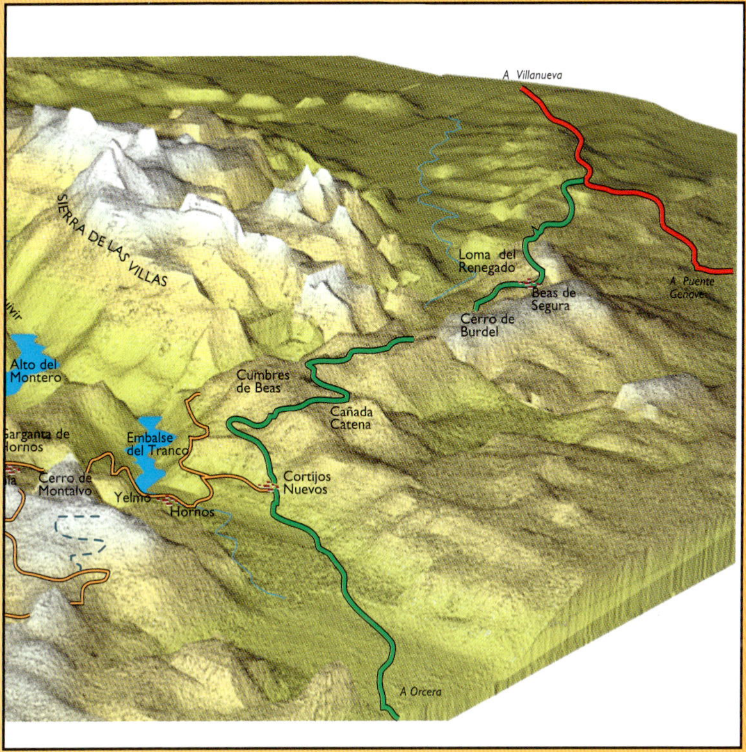

CÁMPINGS

Hornos de Segura
Camping Montillana. 3ª categoría, 406 plazas. Ctra. del Tranco-Hornos, km. 8.
☎ (953) 495119

Segura de la Sierra
Camping de Montaña El Robledo
Ctra. Cortijos Nuevos-El Robledo
☎ (953) 126156

TURISMO RURAL

Beas de Segura
Cortijo Casarazo (Casa Rural)
☎ (953) 496163

Cortijos Nuevos
Turismo Rural «La Luna»
Pilar, 3.
☎ (953) 496163
Turismo Rural El Contadero
☎ (953) 496108

Santiago-Pontones
Casa Paulino (Fuente Segura)
☎ (953) 184310
Casa el Cortijo Nuevo
El Cerezo. ☎ (953) 437066
Casa de la Luz
Aldea de Montalvo. ☎ (989) 639976
Casa Antonia
Pontón Alto. ☎ (953) 438015
Casa Rural Las Cumbres
Aldea de Poyotello. ☎ (989) 639976
Casa Los Ruices
Aldea de Los Ruices. ☎ (953) 437249

SERVICIOS VARIOS

Beas de Segura
Ayuntamiento. ☎ (953) 424000
Guardia Civil. ☎ (953) 424027
Centro de Salud.
Avda. del Mercado, s/n.
☎ (953) 424005

Hornos
Ayuntamiento. ☎ (953) 495002

Santiago-Pontones
Ayuntamiento. ☎ (953) 438002
Guardia Civil. ☎ (953) 438005
Centro de Salud.
Saliente, s/n. ☎ (953) 438082

Vista de Hornos de Segura.

Una vez en Santiago de la Espada, nos sorprenderemos de la infinidad de aldeas que cubren el altiplano que transcurre paralelo a la Rambla de los Cuartos, donde el tiempo parece que se ha detenido, es la otra cara de la provincia de Jaén.

BEAS DE SEGURA

A esta población, entrada natural al Parque desde el corredor de Levante a Andalucía, accedemos a través de la carretera N-322 (Córdoba-Valencia), a la altura del km 208, en el lugar conocido como el Cornicabral. Desde este cruce, tras recorrer 4 km, llegamos a Beas de Segura.

Beas de Segura se encuentra entre olivares y montes como el de la **loma del Renegado**, atravesada por el **río de Beas**. Esta villa fue cruce de caminos en la antigua *Hispania* romana, y aquí enlazaban las vías que comunicaban la Sierra con Levante y con la comarca del Condado. En la actualidad tiene una población de 8.300 habitantes, siendo sus principales actividades la agricultura y la ganadería. En su término municipal se encuentran los restos arqueológicos más antiguos del Parque Natural, pertenecientes al Paleolítico Inferior, encontrados en el enclave conocido como **Puente Mocho** a orillas del **río Guadalimar**, aunque el puente propiamente dicho es de origen romano. Como otras poblaciones de la Sierra de Segura, tras su conquista en el siglo XIII por los cristianos, pasó a pertenecer a la Orden de Santiago.

Entre sus monumentos sobresalen el convento de Carmelitas Descalzas de San José del Salvador, declarado Monumento Nacional, y que fuera la primera fundación que hizó Santa Teresa de Jesús en Andalucía, en el año 1575. Aunque la iglesia conserva poco de aquellos años, debido a la restauración sufrida en 1947, tras largos años de abandono, destacan en ella su portada barroca del siglo XVII y el museo, que contiene recuerdos de la estancia en este lugar de Santa Teresa de Jesús y de San Juan de la Cruz, entre los que figuran un libro de actas y profesiones rubricado por el propio San Juan de la Cruz.

Otros lugares de interés son la Iglesia parroquial, los retos del Castillo Viejo y sus barrios típicos. Nuestro itinerario podemos terminarlo recorriendo el paseo del Albaicín, a orillas del río de Beas, y visitando los Jardínes de Valparaíso.

Entre sus costumbres destacan los encierros de toros en las fiestas de San Marcos, a finales de abril y la feria de Nuestra Señora de la Paz, patrona de Beas, que se celebra del 17 al 20 de septiembre. Siendo también interesante el baile de «Los Cristos», que ha sido rescatado del olvido en los últimos años.

Vista general de Hornos de Segura.

De Beas de Segura salimos en dirección a Cortijos Nuevos, por la carretera que transcurre paralela al río de Beas. A 5 km nos encontramos con la aldea de las **Cuevas de Ambrosio**, frente al **Cerro de Burdel** que queda a nuestra derecha. Continuando, a 7 km se encuentra la aldea de **Cañada Catena**, donde existe un vivero forestal. Pasada la aldea nos introducimos en el Parque por el monte denominado **Cumbres de Beas**, en el que abundan los pinares de pino carrasco *(Pinus halepensis)*, fruto de las repoblaciones llevadas a cabo en esta zona, con abundante matorral de romero *(Rosmarinus officinalis)*.

Tras recorrer 7 km más llegamos a **Cortijos Nuevos**, cruce de caminos en la Sierra de Segura, y desde donde podemos abordar diferentes puntos de la Sierra: a la izquierda encontramos la dirección Segura de la Sierra, Orcera y la Puerta de Segura; a la derecha el Tranco y Hornos. Hacia este último punto nos dirigiremos pasando por un fértil valle atravesado por el arroyo de los Cortijos Nuevos, muy cerca ya de las colas del embalse del Tranco.

HORNOS DE SEGURA

A **Hornos** accedemos dejando el desvío situado a unos 3 km de Cortijos Nuevos, que indica el Tranco, y que queda a nuestra derecha. Tras este cruce, a 3 km, se encuentra la población de Hornos de Segura declarada Conjunto Histórico. Antes de

Bonetero.

Pico picapinos.

LAS ALDEAS Y LA VIVIENDA SERRANA TRADICIONAL

Las pequeñas aldeas que se reparten diseminadas por la Sierra de Segura, muchas de las cuales recorremos en esta ruta, tienen características comunes. Entre los materiales de construcción tradicionales destacan la teja árabe en tejados y aleros; la piedra y el encalado en fachadas; la madera de pino laricio en vigas, puertas y ventanas. Dando un carácter muy personal a esta arquitectura tradicional de montaña, que lamentablemente está desapareciendo en beneficio de nuevos elementos constructivos que originan el deterioro urbanístico de este rico patrimonio cultural conservado durante generaciones. Elementos comunes en estas aldeas, que forman pequeñas agrupaciones de casas, son la fuente donde se sitúan varios pilares, el horno independiente en forma de semiesfera o adosado a alguna vivienda, que es compartido por varias familias, y el viejo nogal que da sombra y frescor en las calurosas tardes de verano.

La fisonomía de la antigua casa tradicional de anchos muros, que es fresca en verano y cálida en invierno, se compone de una planta y cámara, y la distribución se establece en torno a la cocina-comedor, donde se sitúa la puerta de entrada a la vivienda, dividida en dos hojas. Otros elementos esenciales son la chimenea que queda a un lado de la estancia, y una rústica escalera que da acceso a la cámara, aprovechando el hueco de la misma como alacena. Alrededor de esta habitación se sitúan el dormitorio o los dormitorios. Si sólo hay uno, los padres duermen en él, y los hijos lo hacen alrededor de la chimenea, en una especie de colchón denominado «cabeceras». La casa se completa con el corral o tinada, que se sitúa junto a la casa haciendo medianería con ésta. Este se compone de varios apartados: uno para los cerdos o «gorrinos», otro para las gallinas y otro con los pesebres para los animales de tiro, donde se solía situar una pequeña chimenea. Encima de este corral se guardaba la paja para alimentar a los animales. La leña se apilaba junto a la casa al aire libre.

llegar a la misma la contemplamos alzándose majestuosa sobre la roca emerjiendo entre los olivares que la circundan. En este corto trayecto se observan algunos ejemplares aislados de encinas *(Quercus ilex ballota)*, de gran porte entre los cultivos, como testigos del encinar que antaño ocupó estas tierras.

Pico Aroca.

No cabe duda de la ubicación privilegiada de Hornos, situado a 867 m de altura, desde donde se contempla la vega del **río Hornos**, las colas del embalse del Tranco y el pico del **Yelmo** (1.809 m). La atalaya conserva restos prehistóricos, pero lo que más destaca es su pasado musulmán reflejado en el entramado de sus callejuelas, así como en su fortaleza, que fue posteriormente conquistada, como el resto de las villas segureñas, por los cristianos, pasando a pertenecer a la Orden de Santiago, siendo maestre de la misma don Rodrigo Manrique.

Entre los restos arquitectónicos que podemos observar se conservan gran parte de su antiguo castillo con lienzos de la muralla, algunas torres y la torre del homenaje (en una de las torres se encuentra la «Puerta de la Villa»). Otros monumentos interesantes son la Iglesia de la Asunción, del siglo XVI, que posee bóvedas góticas, una torre con crestería gótica y una portada plateresca. Destacan también el barrio del Parchel, la Casa de la Tercia y un impresionante mirador sobre la cola del Tranco denominado **Mirador del Aguilón**.

Celebra fiestas en agosto en honor a la Virgen de la Asunción y de San Roque.

LA GARGANTA DE HORNOS

Desde Hornos nos introducimos en la Sierra por la carretera que parte de esta villa en dirección a Santiago de la Espada, y que en sus primeros km bordea al **pico Hornos** (1.143 m), que queda a nuestra izquierda, pudiendo contemplar a la derecha unas magníficas vistas de la cola de Hornos del embalse del Tranco. Se trata de un paisaje antropizado en la zona de contacto de la sierra con la fértil vega y donde se entremezclan las huertas, el olivar y los

Pontones.

bosques de coníferas de la sierra. Durante este trayecto nos encontramos con una vegetación arbustiva representada principalmente por la coscoja *(Quercus coccifera)* y el romero *(Rosmarinus officinalis)*, apareciendo también algunas encinas aisladas *(Quercus ilex ballota)*. El pinar está representado por el pino carrasco *(Pinus halepensis)* y el pino resinero *(Pinus pinaster)*. Otras plantas arbustivas abundantes son el lentisco *(Pistacia lentiscus)*, el labiérnago *(Phillyrea angustifolia)*, la retama *(Retama sphaerocarpa)* y la genista *(Genista cinerea)*.

A unos 7 km de Hornos, en una curva muy cerrada, a nuestra izquierda se encuentra el cruce a la aldea de **La Capellanía**, a la que podemos llegar tras recorrer algo más de 1 km. Desde este punto la carretera comienza a ascender por la **Garganta de Hornos** hasta los 1.400 m en el cruce de la carretera de la cumbre, a la que llegamos tras recorrer 6 km desde el punto anterior. El pinar comienza a estar representado por el pino laricio o salgareño *(Pinus nigra)*. Una vez en este, cruce si tomamos la dirección de la izquierda, tras recorrer algo más de 1 km llegamos a la antigua **casa forestal del Campillo** (hoy en ruinas), y desde aquí iniciaremos la ruta a pie hasta el pico del Yelmo (1.809 m). Continuando a la derecha en dirección a Santiago de la Espada, a pocos metros encontramos un cruce a la izquierda que nos indica la dirección a **Río Madera**, y por donde podemos enlazar con la Ruta 6.

POR LA CUMBRE HACIA SANTIAGO

Nosotros seguiremos hacia Santiago de la Espada por la carretera conocida como de la cumbre. Esta transcurre entre los 1.400 y 1.500 m de altitud (el recorrido en invierno suele tener dificultades por las nevadas y el hielo). A los pocos km podemos observar unas buenas vistas del **embalse del Tranco** y a 8 km del cruce anterior, a nuestra derecha, se encuentra el **pico de Aroca** (1.532 m), donde existe un vértice geodésico y al que podemos acceder desde la carretera fácilmente. En el medio forestal que hemos atravesado predominan especies de aves características de los bosques de coníferas y quercíneas, como son el carbonero garrapinos *(Parus ater)*, el carbonero común *(Parus major)*, el herrerillo común *(Parus caeruleus)* y el herrerillo capuchino *(Parus cristatus)*. En el pinar abundan también los pájaros carpinteros como el pico picapinos *(Dendrocopos major)* y el pito real *(Picus viridis)*. Las aves trepadoras están presentes con dos especies: el trepador azul *(Sitta europaea)* y el agateador común *(Certhia brachydactyla)*. Son también abundantes las ardillas *(Sciurus vulgaris segurae)*, las cuales forman parte de una subespecie de la ardilla común, exclusiva de estas serranías.

A medida que avanzamos, el bosque cerrado da paso a los ejemplares de pino laricio que ahora aparecen dispersos por el bosque, con pies de gran tamaño. Comenzamos a la vez a observar la vegetación típica de la alta montaña andaluza, con especies adaptadas a la sequía estival y a los fríos y nevadas del invierno. Se trata de plantas en su mayoría de porte rastrero, como el enebro *(Juniperus communis)*, el arro *(Berberis hispanica)*, la sabina *(Juniperus sabina)*, el lastón *(Helictotrichon filifolium)* y dos tipos de piornos *(Erinacea anthyllis* y *Echinospartum boissieri)*.

Continuando nuestro recorrido, 4 km más abajo, nos encontramos con el cruce de las aldeas de la **Ballestera** y **Montalvo**, distantes 2 km de la carretera. En los alrededores de estas aldeas podemos observar grandes ejemplares de encinas, en los terrenos de los particulares, las cuales se salvaron de las repoblaciones efectuadas en estos lugares por la Administración. 1 km más abajo se encuetra el cruce a las **Casas de Carrasco**. Estas aldeas antaño estaban habitadas por gentes de la sierra, si bien en la actualidad, aunque aún viven algunos de sus viejos pobladores, la mayoría de sus construcciones se han rehabilitado por particulares como segunda residencia. Desde las Casas de Carrasco, tras un descenso de 2 km, llegamos al **Pontón Alto** y 1 km más abajo al **Pontón Bajo**.

PONTONES-NACIMIENTO DEL RÍO SEGURA

Decir **Pontones**, es hablar de paisajes agrestes y de agua. No en vano, a pocos km de este núcleo, nace el río

Pontones. Pontón Bajo.

Sierra del Almorchón y el pico de su nombre.

Segura. Conocidas genéricamente con el nombre de Pontones, estas dos poblaciones pertenecen desde el año 1975 al Ayuntamiento de Santiago de la Espada; tras su fusión el municipio pasó a denominarse Santiago-Pontones. Una de las bellezas de estos municipios son los pequeños puentes que cruzan el río Segura y la disposición intrincada de sus callejuelas, al pie del **pico Castilla la Vieja** (1.434 m). Tiene fama su pan serrano; las fiestas del Rosario, que se celebran entre el 9 y el 12 de agosto, con encierro de reses bravas, y su feria de ganado el 12 de octubre (no olvidemos que este lugar fue asentamiento de pastores junto al río Segura, donde creció la población actual).

Nada más salir del Pontón Bajo en dirección a Santiago de la Espada, encontramos a nuestra derecha un carril que nos conduce, tras recorrer 5 km, al **nacimiento del río Segura** y a la aldea de **Fuente Segura**, a través de un pequeño valle donde abundan los cultivos. Este nacimiento se sitúa en una poza de aguas cristalinas, procedentes de los calares que se encuentran por encima del nacimiento, como el **pico Mariasnal** (1.825 m), cuya ascensión realizamos en una ruta a pie. Cerca del mismo se encuentra la Cueva del Agua, yacimiento arqueológico habitado desde el Paleolítico Superior y después en el Neolítico, y cuyos estudios polínicos sitúan en este punto especies vegetales desaparecidas hoy del Parque como el haya, y otras con muy escasa representación como el abedul. La proximidad del agua y la abundancia de caza justificaría la elección de este lugar por sus antiguos pobladores.

Regresamos de nuevo a Pontones una vez visitado el nacimiento del río Segura, para emprender el camino hacia Santiago de la Espada. Podemos observar que la vegetación está compuesta principalmente por especies como el espino *(Crataegus monogyna)*, la retama negra *(Cytisus reverchonii)*, el arro *(Berberis hispanica)* y el piorno *(Erinacea anthyllis)*. Entre las plantas arbóreas destacan algunas encinas aisladas *(Quercus ilex ballota)* y pinos de la especie pino laricio o salgareño *(Pinus nigra)*, propio de las zonas altas. A unos 6 km de Pontones, a nuestra derecha, destaca la mole piramidal del **pico del Almorchón** (1.915 m), uno de los más altos de la Sierra de Segura, al cual podemos ascender a través de diversas sendas que suben hasta su cumbre. Poco más adelante, a nuestra izquierda, sale el camino que nos conduce a la aldea de **Poyotello**, distante unos 5 km de la carretera, y situada sobre el profundo valle que forma el río Segura, entre el **Alto de Cabeza Gorda**

Santiago de la Espada.

y la Risca Buitreras (1.692 m). Cerca de la misma se encuentra la **Cueva del Agua**, que indicams en una ruta a pie. Continuando hacia Santiago, y tras pasar la única recta de todo el trayecto, llegamos a **Cañada Hermosa**. Unos tornajos de madera (abrevadero para el ganado), y las choperas que circundan el arroyo del mismo nombre hacen de este paraje un lugar idóneo para detenernos. Desde este punto sale también una pista (en mal estado) que llega a la Toba, lugar visitado en la Ruta 6.

SANTIAGO DE LA ESPADA

Desde Cañada Hermosa distan 6 km a **Santiago de la Espada**. Para los jiennenses hablar de Santiago es pensar en lejanía, aislamiento, fríos inviernos, incomunicación etc. Y no le faltan razones porque, hasta no hace mucho tiempo, llegar hasta Santiago de la Espada en invierno, desde cualquier punto de la provincia de Jaén, era lo más parecido a una aventura, hoy superada por las mejores comunicaciones y los inviernos menos rigurosos. Los orígenes de este asentamiento son prehistóricos, pasando más tarde por diversas visicitudes, denominándose el Hornillo cuya fundación hacia el año 1525 fue debida a los pastores que utilizaban el lugar como asentamiento. También se le conoció con el nombre de la Puebla de Santiago. Tras su conquista por los caballeros de la Orden de Santiago, perteneció a Segura de la Sierra hasta el año 1837. Curiosamente el origen primitivo de Santiago de la Espada, es decir la ganadería, sigue siendo una de sus principales activida-

Rebaño de ovejas segureñas.

Los Atascaderos y Los Teatinos.

des, ya que numerosos rebaños de ovejas de raza segureña pastan en los calares y campos de su término municipal –que es, por cierto, uno de los más extensos de España con más de 682 km^2 de extensión–. Con una población de unos 5.500 habitantes repartidos entre 30 aldeas, esparcidas por su término municipal, éste conforma un entramado rural disperso por los valles, lomas y navas de la Sierra de Segura.

En Santiago de la Espada destaca la Iglesia de Santiago, de una sola nave, construida entre finales del siglo XV y principios del XVI; durante el siglo XVIII, sufrío algunas reformas, de esta fecha es el retablo mayor con columnas salomónicas de estilo barroco. En su arquitectura destaca la antigua Posada que conserva un bello balcón de madera y la Casa de la Tercia o Pósito, y entre sus barrios destacan por su tipismo el del Toledillo y el del Calvario. Se conservan tradiciones como el juego de los bolos serranos, en su modalidad de alta montaña y los bailes de jotas serranas.

Entre sus fiestas sobresalen las de su patrón Santiago el 24 y 25 de julio; las fiestas de la Virgen de agosto con encierros de reses bravas y con la participación de peñas, que se celebran entre el 17 y el 20 de agosto, y su importante feria de ganado que se desarrolla entre el 15 y el 17 de septiembre.

POR LAS ALDEAS DEL ALTIPLANO DE SANTIAGO

De Santiago de la Espada a Don Domingo hay escasamente 20 km por una carretera estrecha pero asfaltada, que transcurre paralela a la **Rambla de los Cuartos**. Entre estos dos puntos unas 12 pequeñas aldeas se distribuyen a ambos lados de la carretera. Son algunas de las numerosas aldeas que conforman el término municipal de Santiago de la Espada, situadas entre 1.400 y 1.500 metros de altitud, al pie de la **Sierra del Almorchón** (1.915 m), que resisten estoicamente los rigores de los inviernos de esta zona y el precio de la incomunicación. Estas aldeas no suelen venir en las guías turísticas, y en las mismas, muchas de las antiguas tradiciones heredadas de padres a hijos siguen aún en vigor; es la otra imagen del Parque.

Partiendo de Santiago de la Espada en dirección a la Puebla de Don Fadrique, en la vecina y cercana provincia de Granada, a escasos metros de Santiago cruzamos por un puente el arroyo de Zumeta. Nada más cruzar este arroyo cogemos la desviación que sale a nuestra derecha y que nos conducirá a los **Ruices, Cortijo Viejo, La Capellanía** y **La Huerta del Manco**, todos ellos en el trayecto de algo más de 1 km; 1 km más adelante se encuentran **Las Quebradas**, y a continuación el **Poyo Catalán**; algo más de 1 km nos basta para llegar a **Los Atascaderos** (el nombre hace alusión a

Ardilla.

la existencia en el lugar de un lodazal donde se atascarían las caballerías o las personas), otro kilómetro más y arribamos a la aldea de **Los Teatinos** (curioso nombre que hace alusión a una orden religiosa, que profesaban la regla de San Agustín y que entre sus fines tenían la de ayudar a morir en paz a los condenados a muerte). Ambas aldeas se encuentran rodeadas de huertos y las hileras de chopos nos indican los arroyos que junto a ellas pasan.

De Los Teatinos salimos a la carretera principal, es decir la que une Santiago con Don Domigo, tomando la dirección de nuestra derecha, a unos 3,5 km, encontramos el cruce que nos conduce a **Los Cañuelos** y más adelante otro cruce nos llevará hasta **El Cerezo** por dónde pasa el arroyo del mismo nombre. Continuando nos encontramos a nuestra derecha con el cruce a la aldea del **Patronato**, pegada a las riscas junto al arroyo de Don Domingo. El Patronato es otro nombre curioso por estas alturas perdidas de la Sierra de Segura, quizás vinculado a los avatares religiosos de la Orden de Santiago por estos pagos. La carretera asfaltada acaba en el **caserío de Don Domingo**, junto a la Rambla de los Cuartos. Desde este punto sale una pista forestal que cruzará los solitarios y a veces peligrosos Campos de Hernán Perea, antiplanicie deshabitada que narramos en la Ruta 1, y por la cual, tras realizar más de 40 km por pistas en mal estado recomendadas sólo para los que conozcan el terreno, llegaremos a la vecina Sierra de Cazorla. Merece la pena adentrarnos a pie por esta pista aproximadamente 1 km, hasta dar vistas al puente que cruca la Rambla de los Cuartos en su unión con el arroyo de La Juan Fría. A la izquierda de la pista, por encima de la rambla, queda el **pico Tejuelo** (1.698 m) y a la derecha el de **Las Palomas** (1.964 m).

Desde Don Domingo vamos a regresar a Santiago de la Espada. Por la carretera principal, a 11 km llegamos a **La Matea**, la más grande de las aldeas que hemos visitado, cruzada por el arroyo del Cerezo de las Nogueras. En sus alrededores dan envidia sus huertas perfectamente cuidadas. Algo más abajo se encuentra el cruce que nos llevará a **Las Nogueras** otra pequeña aldea a 1 km de La Matea. Desde aquí, después de recorrer 5 km, llegamos de nuevo a Santiago de la Espada, donde podemos realizar la Ruta 6.

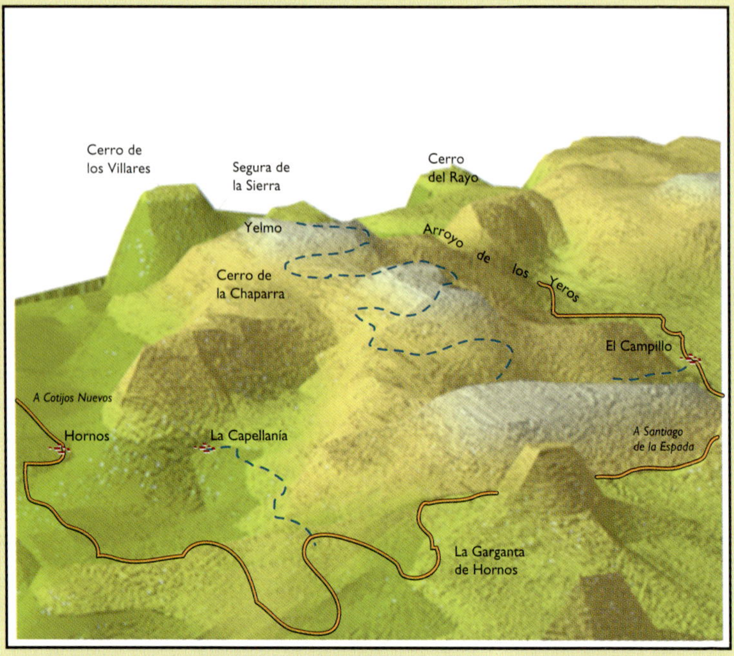

RUTA A PIE. EL CAMPILLO (1.350 M)
-PICO DEL YELMO (1.847 M)

Antigua casa forestal del Campillo (hoy en ruinas). A la misma se accede a través de la carretera de Hornos a Santiago de la Espada. En el cruce de la cumbre de Hornos, en lugar de continuar hacia Santiago de la Espada, tomamos la desviación de la izquierda y a 1 km llegamos al Campillo donde dejamos el vehículo.

500 m.

2 h. (Hasta la cumbre)

Hasta el Yelmo podemos subir en vehículo, pero nuestro consejo es realizar esta ruta a pie para poder disfrutar de estos paisajes; además de que la pista se encuentra en malas condiciones y con unas pendientes considerables lo que la hacen muy peligrosa para los vehículos. Debemos ir provistos en verano de un protector para la cabeza y de agua, pues no hay fuentes en el recorrido.

La ruta transcurre por el monte conocido con el nombre de **Yelmo Grande**, y la misma envuelve toda la cumbre de este emblemático pico de la Sierra de Segura, el cual, según el interrogatorio mandado llevar a cabo por Felipe II en 1575 sobre los pueblos de España, se describía así: «Este cerro es montuoso, no se puede andar a caballo, en lo alto hay una fuente de muy buena agua, hay en lo alto un edificio de torre o casa», también se decribe la fauna: «En estas sierras hay muchos animales salvajes como osos y lobos....»

Comenzamos el ascenso por una pista que encontramos a la izquierda de la carretera por la que hemos venido, y que pasa entre las ruinas de la antigua **casa forestal del Campillo**. En los primeros metros atravesamos un pinar de laricio *(Pinus nigra)*, pero conforme ascendemos, el bosque va desapareciendo y éste queda a nuestra izquierda. A 1 km del punto de partida llegamos a un collado, en él hay una bifurcación de la pista; si seguimos recto comenzaremos a descender hasta el Robledo, el Ojuelo y Cortijos Nuevos, distante unos 12 km de este punto. Nosotros cogeremos la pista de la derecha que es la que sube al **Yelmo**. Desde este punto tenemos una amplia visión de esta parte de la Sierra de Segura, visión que iremos ampliando a medida que ascendamos por la pista y que culminaremos una vez nos encontremos en la cumbre. A partir de ese punto la subida se hace más pronunciada, y poco después comenzaremos a ver la cumbre, en la que destacan los numerosos postes de telecomunicaciones instalados en el lugar, y la caseta de vigilancia de incendios. Observaremos que la vegetación, según ascendemos, se compone de plantas almohadilladas resistentes a la sequía estival y a los hielos invernales, destacando también algunos árboles que fueron repoblados hace años en esta zona, como algunos abetos, que prácticamente no se han desarrollado por no ser éste su hábitat. Una vez en la cumbre podemos acercarnos al mirador que existe junto a la caseta de vigilancia de fuegos, y desde donde se domina la cara sur, con la población de **Hornos** y el **embalse del Tranco de Beas**; también desde aquí podemos ver el **macizo de las Banderillas** (1.993 m). Después nos podemos desplazar hacia el norte por la meseta que hay en la cumbre para observar, a vista de pájaro, la población de **Segura de la Sierra** y de **Orcera** entre otras; al este queda el **Calar del Cobo** (1.794 m), donde las calizas han formado una curiosa silueta a manera de dentadura mellada, denominada los Dientes de la Vieja.

El Yelmo.

Gineta.

Piorno azul.

La vegetación de esta ruta está compuesta en su comienzo por un pinar de pino laricio; conforme ascendemos la vocación de estos montes eran las encinas, de las que quedan algunos restos en los lugares soleados y los quejigos en las zonas más protegidas de la insolación y con un mayor factor de humedad. Entre los matorrales cercanos a la cumbre se encuentran principalmente los piornos y el lastón. El principal valor de esta ruta reside en encontrarnos en una cumbre situada en un punto estratégico de la sierra, y desde la que podemos tener una buena visión de conjunto de todo el sector central y norte del macizo. Lamentablemente este carácter estratégico ha servido también para «adornar» esta cumbre, hasta hace poco tiempo virgen, con diversos elementos de las más modernas comunicaciones, necesarias por supuesto para el desarrollo de los habitantes de la zona, pero que han causado un grave impacto visual en esta emblemática cumbre segureña.

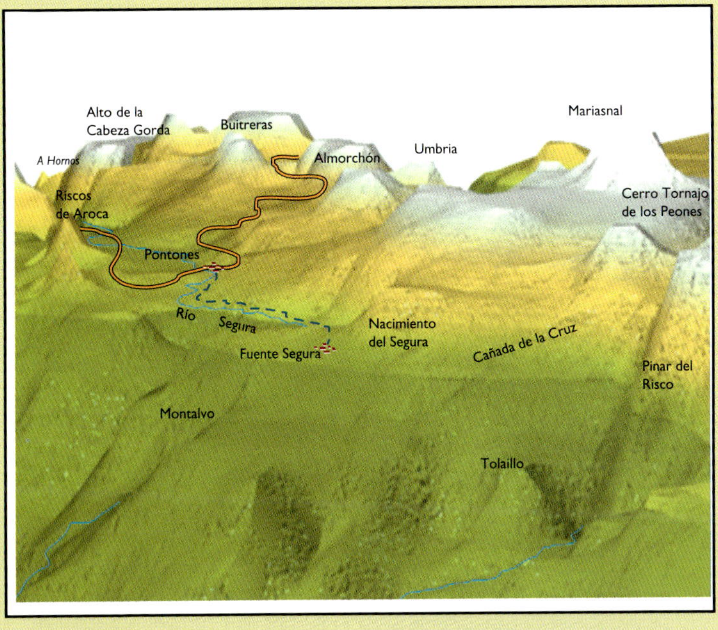

RUTA A PIE. NACIMIENTO DEL SEGURA (1.480 M)-PICO MARIASNAL (1.825 M)

Nacimiento del río Segura. Al mismo llegamos tras recorrer una pista forestal de 5 km que parte del Pontón Bajo.

345 m.

2 h. (Hasta la cumbre)

Al transcurrir la ruta por zonas donde escasea el bosque, es conveniente en verano llevar una prenda para la cabeza, con el fin de evitar la insolación. También deberemos ir provistos de agua para el camino.

El **río Segura** nace a 1.480 m de altitud sobre el nivel del mar. Por encima de la poza donde nace el río transcurre una pista que, a pocos metros, tiene una anchura donde podemos dejar el vehículo y desde este lugar comenzaremos nuestro itinerario a pie, subiendo por la pista que sale a pocos metros a la izquierda. Esta transcurre por un barranco, por el cual en épocas de lluvias corren las aguas que proceden de la **Cañada de la Cruz**. A nuestra derecha queda el **Cerro Tornajo de los Peones** (1.865 m) y a nuestra izquierda el **pico Mariasnal** (1.825 m). A unos 3 km de nuestro punto de partida llegamos a la Cañada de la Cruz. Es éste un lugar abierto, con cultivos de trigo, centeno y garbanzos , que en los inviernos de abundantes lluvias quedan cubiertos por el agua formándose una gran laguna, que recibe el mismo nombre que la cañada. La pista describe una curva sinuosa; en este punto, a nuestra izquierda, cogemos una senda por la que ascenderemos hasta la cumbre del pico Mariasnal, en este punto nos encontramos a 1.600 m de altitud. La pista que hemos dejado, unos metros más

Búho chico.

Peonia.

arriba, se bifurca en tres: a la izquierda nos conduce hasta la carretera de Pontones a Santiago, pasando por la antigua **casa forestal de la Hoya de la Espinosilla**; al frente llegamos a la aldea de **Don Domingo** y de aquí podemos llegar hasta **Santiago de la Espada** recorriendo las aldeas descritas en la Ruta 7; a la derecha nos llevará hasta la Sierra de Cazorla, después de atravesar los **Campos de Hernán Perea**. Nosotros ascendemos por la senda a través de un calar, donde podemos observar las formaciones de las calizas erosionadas por la acción del agua. El camino que nosotros seguimos es una antigua senda forestal, realizada cuando se repoblaron estos montes. Después de andar algo más de 2 km llegamos a la cumbre. Una vez en ésta, donde existe un vértice geodésico, tenemos una buena visión de la parte más oriental de la Sierra de Segura: al norte la **cumbre del Yelmo** (1.847 m); al este el **Almorchón** (1.915 m) y **La Sagra**, en la vecina provincia de Granada; al oeste **el Blanquillo** (1.830 m) en la Sierra de las Villas, y al sur **las Banderillas** (1.993 m), y, frente a nosotros, al otro lado de la Cañada de la Cruz, el **Calar de las Palomas** (1.964 m), observando una extensa panorámica de los Campos de Hernán Perea.

La ruta transcurre en su mayor parte por el monte denominado **Pinar de María Arnal y Hoya de Panduro**. En ella podemos observar una vegetación característica de la alta montaña andaluza, dado que nos movemos entre los 1.480 y 1.825 metros. El pinar está representado por ejemplares dispersos y de gran tamaño de pino laricio, no faltando algunos bosquetes del mismo al principio de la ruta. Entre los arbustos predominan los espinos majuelos, la retama negra, el arro y conforme ganamos altura, camino de la cumbre, nos encontramos con especies como los enebros rastreros y los piornos. También en cotas más bajas, cercanas al barranco, encontramos la encina y algunas especies caducifolias como el quejigo y el arce granatense. Entre la fauna destacan sobre todo los buitres que merodean estas alturas, en busca de los cadáveres del ganado doméstico que abunda en la zona buscando los pastos de altura en primavera y verano. Hay que tener cuidado con la víbora hocicuda que,

Nacimiento del Segura.

distribuida por todo el Parque, prefiere los lugares de fuerte insolación y tranquilos. Entre los mamíferos destacan los ciervos procedentes del cercano Coto de Caza y el muflón, especie introducida en el Parque, cuyos rebaños merodean también por esta zona.

BIBLIOGRAFÍA

ARAQUE JIMÉNEZ, E. (1989). *La Sierra de Segura: crisis y perspectiva de futuro de la montaña andaluza.* Junta de Andalucía. Sevilla.

ARAQUE JIMÉNEZ, E. (Compilador) (1996). *Escritos forestales sobre las sierras de Segura y Cazorla.* Diputación Provincial de Jaén.

ASQUERINO FERNÁNDEZ-RIDRUEJO, Mª. D. (1984). *Espacio y territorio en el Neolítico del noreste de Jaén.* Arqueología Espacial nº 3. Teruel.

BENAVENTE LANDINEZ, A. (1991). *La Graellsia andaluza.* Boletín de Ecología nº 28: 3-9. Taller de Ecología. Linares.

BENAVENTE LANDINEZ, A. (1992). *La Cámara Sepulcral Ibérica de Toya.* Anuario del Adelantamiento 1989/90 nº 31-32: 81-88. Cazorla.

BENAVENTE NAVARRO, A. (1989). *Los bosques del Parque Natural de Cazorla, Segura y Las Villas.* Boletín de Ecología nº 20: 3-12. Taller de Ecología. Linares.

BENAVENTE NAVARRO, A. (1996). *Catálogo de Fanerógamas del Parque Natural de Cazorla, Segura y Las Villas.* Taller de Ecología. Linares.

CHAMORRO, J. (1975). *Antonio Machado en la provincia de Jaén.* Instituto de Estudios Giennenses. Diputación Provincial de Jaén.

DE LA CRUZ AGUILAR, E. (1975). *La provincia marítima de Segura de la Sierra.* Boletín del Instituto de Estudios Giennenses nº 107. Diputación Provincial de Jaén.

DE LA CRUZ AGUILAR, E. (1980). *Ordenanzas del Común de la villa de Segura y su tierra de 1580.* Instituto de Estudios Giennenses. Diputación Provincial de Jaén.

GÓMEZ MENA, J. (Coord.) (1994). *Parques Naturales y Espacios Protegidos de Jaén.* Diario Jaén.

GÓMEZ MENA, J. (1996). *Fauna de Jaén (Vertebrados).* Diario Jaén.

GÓMEZ MENA, J. (1997). *Rutas por la Naturaleza de Jaén.* Diario Jaén.

HERRERA MALIANI, C.M. (1987). *Los herbívoros condicionan la distribución de la Violeta de Cazorla.* Quercus nº 29: 12-14. Madrid.

HERRERA MALIANI, C.M. (1989). *Flora y fauna del Parque Natural de Cazorla, Segura y Las Villas: presente y futuro de un patrimonio excepcional.* Anuario del Adelantamiento 1988 nº 30: 78-86. Cazorla.

LUQUE MORENO, P. (1995). *Mapa de Vegetación del Parque Natural de Cazorla, Segura y Las Villas.* Consejería de Medio Ambiente. Junta de Andalucía. Ubeda.

MARTÍNEZ MONTESINOS, A. *La Cerrada del Utrero.* Anuario del Adelantamiento. Cazorla.

ROBLES ZARAGOZA, S. (1990). *Cazorla, la Sierra. Una mirada.* Caja General de Ahorros de Granada.

RUBIO FERNÁNDEZ, J. (1997). *Jaén desde el cielo.* Diario Jaén.

SORIA LERMA, M. at al. (1987). *Arte rupestre y hallazgos arqueológicos en Quesada (Jaén).* Grupo de Estudios Prehistóricos. Serie Monográfica nº 5. La Carolina.

SUARDIAZ ESPEJO, L. (1995). *La vida tradicional en la Sierra de Segura.* Ed. J. Noticias, S.L. Madrid.

SUARDIAZ ESPEJO, L. (1997). *En la cocina de la Sierra de Segura (Lumbre, puchero y compaña).* Diputación Provincial de Jaén.

SUÁREZ GALLEGO, J.Mª. (1996). *Cocina jiennense.* Diario Jaén.

VALLE TENDERO, F. et al. (1989). *Parque Natural de Cazorla, Segura y Las Villas. Guía botánico-ecológica.* Ed. Rueda. Madrid.

VILLEGAS DÍAZ, L.R. y GARCÍA SERRANO, R. (1976). *Relación de los pueblos de Jaén, de Felipe II.* Instituto de Estudios Giennenses. Jaén.

ÍNDICE TOPONÍMICO

ÍNDICE GENERAL

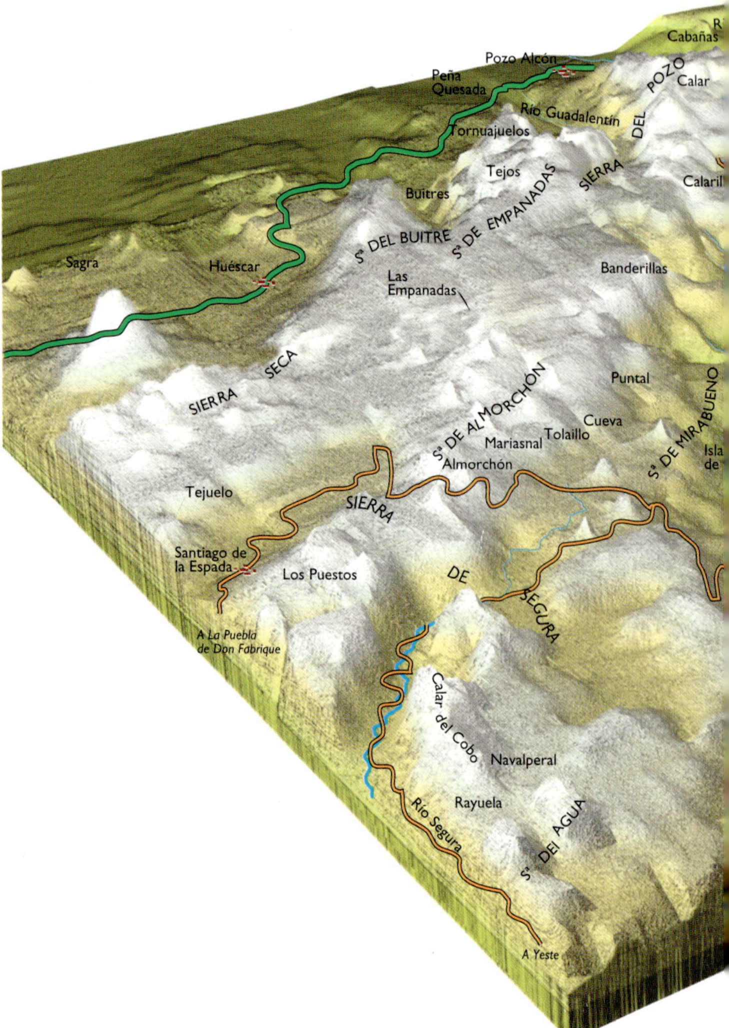

Cabañas
Pozo Alcón
Peña Quesada
Calar
Río Guadalentín
DEL POZO
Tornuajuelos
Tejos
SIERRA
Calaril
Buitres
Sª DEL BUITRE
Sª DE EMPANADAS
Sagra
Huéscar
Banderillas
Las Empanadas
SIERRA SECA
Puntal
Sª DE ALMORCHÓN
Cueva
Mariasnal
Tolaillo
Sª DE MIRABUENO
Isla de
Almorchón
Tejuelo
SIERRA DE SEGURA
Santiago de la Espada
Los Puestos
A La Puebla de Don Fabrique
Calar del Cobo
Navalperal
Rayuela
Río Segura
Sª DEl AGUA
A Yeste